# Mathematica 응용수학

송기홍 지음

KYOWOO CO. Publishing
敎友社

# 머리말

수학을 배우고 응용하는 데에 있어 매스매티카의 역할은 두 가지로 요약될 수 있다. 첫째는 실험 도구이고, 둘째는 시각화 도구이다.

구체적으로, 우리가 수학적 개념을 배우는 데에 있어 책을 읽어 이해하고 연습 문제를 풀며 터득하는 전형적인 방법에 반하여, 실험적으로 수학적 개념을 이해한다는 것은 실제로 문제를 컴퓨터를 이용하여 실행하며 개념을 이해해 나간다는 것이다. 예를 들어, 부분집합을 배운다고 할 때 실제로 부분집합을 직접 만들어보며 그 개념을 이해하는 방법을 실험적 방법이라 말할 수 있을 것이다.

시각화라는 것은 수학적 개념을 눈으로 보며 이해하게 하는 방법으로 수학의 개념은 실제로 매우 상식적이고 직관적인 것이 많다는 사실에 근거를 둔다. 하나의 예로, 선형대수에서 Gram-Schmidt process 의 경우만 보더라도 수식으로는 매우 복잡한 모양을 가지나, 실제 손가락으로 벡터를 만들어가며 설명하면 쉽게 이해할 수 있는 직관적인 개념이 되는 것이다. 이렇게 시각화를 통하여 터득할 수 있는 직관적인 부류의 개념은 컴퓨터 그래픽을 이용하여 구현 가능하다.

이러한 실험과 시각화라는 두 가지의 방법은 매스매티카 하나로 다양하고도 심도 있게 구현 가능하기 때문에, 매스매티카로 대표되는 CAS (Computer Algebra System)가 수학교육에 중요한 도구로 사용되고 연구되고 있다.

이 책은 응용 분야에서 일반적으로 많이 사용되는 수학적 개념을 실험과 시각화를 통해서 쉽게 이해할 수 있게 개발한 것이라 할 수 있다. 한편, 내용은 수학적이지만 다른 각도에서 보면 이 책은 고급 매스매티카 언어에 관한 프로그래밍 서적이라 할 수 있다.

매스매티카라는 일종의 컴퓨터 언어는 이것을 가지고 다양한 문제를 접하고 해결하려는 시도에서 언어에 대한 구사능력이 길러지는 것이다. 이에 대하여 이 책에는 다양한 수학적 문제 해결 상황과 그에 대한 매스매티카 테크닉이 소개되어 있다.

특히, 이 책은 매스매티카 뿐만 아니라 일반적인 프로그래밍 언어를 공부하는 학생들에게 매우 중요한 수학적 백그라운드를 주어 프로그래밍의 기본기를 가르치는 이산수학과 같은 과목에 적합한 교재가 될 것으로 본다.

본 교재에 있는 프로그램 소스파일은 다음의 웹사이트에서 다운 받을 수 있으며, 저자에 대한 소개는 울프람 리서치 웹사이트에서 볼 수 있다.

http://home.pusan.ac.kr/~math/books/mathematicabook.zip

http://www.wolfram.com/services/training/song.html

본 저서의 콘텐트는 학술진흥재단 선도연구자 사업의 지원으로 개발되었음

(KRF-2003-041-D00514)

# 목차


## 1 장 매스매티카 기초 .......... 1

프로그램 소개 .......... 2

헬프 .......... 2

셀(Cell) .......... 4

팔레트(Palette) .......... 5

프로그램 기능 .......... 6

간단한 계산 .......... 6

기본구조 .......... 10

함수 정의 .......... 11

무명함수(Anonymous function) .......... 13

속성(Attributes) .......... 14

패턴매칭 .......... 15

기본함수의 확장 .......... 17

기본언어의 응용 .......... 18

Apply .......... 18

Map .......... 19

ReplaceAll .......... 20

Table .......... 20

While .......... 21

Do .......... 21

For .......... 21

Nest .......... 22

Fold .......... 22

FixedPoint .......... 22

Sum .......... 23

Thread .......... 23

Scan .......... 24

패턴매칭 .......... 24

MapThread ........ 25

Inner ........ 25

Distribute ........ 26

리커젼(Recursion) ........ 27

Dot ........ 27

Log, Product, Exp ........ 28

논리함수 ........ 28

행렬의 구조 ........ 32

## 2 장 수치적 오차 ........ 41

이진법으로의 변환 ........ 43

연산의 순서에 따른 수치적 에러 ........ 45

그래프와 수치적 에러 ........ 47

수치적 에러의 시뮬레이션 ........ 50

에러 구간 ........ 52

모의 컴퓨터 ........ 54

머신엡실론 ........ 56

Wilkinson 다항식 ........ 62

## 3 장 랜덤의 성질 ........ 65

랜덤으로 점 찍기 ........ 65

소수점 분포 ........ 72

랜덤 분포 ........ 79

## 4 장 ..경우의 수 - Counting ........ 87

팩토리얼 ........ 87

스털링의 제 2 수 ........ 92

벨의 수 ........ 96

스털링의 제 1 수 ........ 99

엇갈림의 가지수 ........ 101

카탈란의 수 ........ 104

바른 괄호식 문제 ..... 105
이진트리의 문제 ..... 108
스택(Stack)의 문제 ..... 110
런(Run) ..... 116
방정식의 해 ..... 119
정수의 분할 ..... 123

5 장 그래프 응용 ..... 127
그래프의 기본구조 ..... 127
MakeGraph ..... 130
Knight Problem ..... 131
Instant Insanity ..... 134
DeBruijn Sequence ..... 139
그레이 부분집합 ..... 143
미로 문제 ..... 149
스패닝트리 ..... 151

6 장 데이터 처리 ..... 155
점의 연결 ..... 155
다항식 모델 ..... 168
선형회귀분석 ..... 176
Residual plot ..... 177
정규성 테스트 ..... 178

7 장 Convolution 과 SVD ..... 181
Convolution ..... 181
다항식과 convolution ..... 184
주사위 문제 ..... 187
확률변수의 합 ..... 189
SVD 응용 – Image processing 과 Optimization ..... 196
SVD 개념의 시각화 ..... 197

그래픽 데이터의 근사 ........ 200
Underdetermined system ........ 206

8 장 매스매티카의 확장 ........ 209
Graph Editor 사용법 ........ 210
m_control.ocx 사용법 ........ 214

# 1 장

# 매스매티카 기초

수학적 내용과 매스매티카 언어는 서로 밀접한 연관성이 있다. 이 책의 내용을 이해하기 위하여 당연히 매스매티카 언어를 알아야 하지만, 또 한편 매스매티카 언어는 수학적 내용을 직접 구현하는 과정에서 익혀지는 것이다.

이 책에서는 수학적 개념의 구현을 위해 다양한 테크닉이 구사 되었지만, 개발자가 아닌 독자의 입장에서 이 책의 내용을 이해하기 위한 매스매티카 언어에 대한 지식은 기초 수준 정도면 충분하리라 생각한다. 이에 필요한 언어적 기초이 대하여 이 장에서는 1 부터 1000 까지의 수를 더하는 산수 문제를 다루며 다양한 매스매티카적 솔루션을 제시하였다.

기본 단위라 할 수 있는 리스트를 여러 형태로 바꾸어 사용하는 기술은 다른 측면에서 보면 행렬의 기술이라 할 수 있다. 따라서, 주어진 행렬을 다루는 테크닉은 매스매티카를 다루는 기본기술로 간주되어 비교적 자세하게 설경하였다.

매스매티카를 처음 접하는 독자의 경우에도 이 장에 나오는 예를 꼼꼼하게 공부하고 나면 적어도 매스매티카 언어에 있어서는 이미 상당한 수준에 도달한 것이라 간주해도 큰 무리는 없을 듯하다.

따라서, 패키지를 만들기 위하여 긴 프로그램을 짜는 경우 외에는 이 장에 있는 내용만으로도 수학 문제의 해결에 필요한 충분한 언어적 기술을 얻을 것으로 생각되므로, 이 책을 읽기 위해 따로 입문서를 읽을 필요는 없다고 말할 수 있다.

물론, 매스매티카에 대한 지식과 기술은 방대하여 실제 문제 해결 상황에 자유자재로 사용하는 데에는 상당한 시간을 필요로 하며, 그러한 목표에 도달하기 위해 이 책은 효과적인 방법을 제시해 나갈 것이다.

## 프로그램 소개

매스매티카 프로그램은 크게 나누어 유저인터페이스에 해당하는 Front End와 수학적 문제해결의 엔진에 해당하는 Kernel, 이렇게 두 부분으로 나눌 수 있다.

매스매티카 프로그램을 처음 설치하고 실행하면 화면에 보이는 것이 Front End이며 화면에 입력값을 넣고 Shift-Enter 키를 동시에 누를 때 화면 밑에 매스매티카 아이콘이 뜨며 실행되는 프로그램이 커널이다. 다시 말해, 매스매티카는 두 개의 프로그램이 하나처럼 작동하는 셈이고, 또 유저가 제 3의 프로그램을 작성하여 각각을 컨트롤할 수 있다.

인터넷의 발달로 Front End 말고 다른 방법, 즉, 웹 브라우저 등을 이용하여 커널을 컨트롤 하는 방법이 중요하게 인식되는 것이 최근의 기술적 동향이고, 그 중 몇 가지 방법은 이 책의 마지막 장에 소개하였다.

보통 매스매티카를 사용한다는 말은 Front End의 사용을 의미하고, Front End 자체 내에 그래픽 등에 관한 중요한 기능이 들어 있으며, 무엇보다 HTML과 유사한 프로그램 언어가 있어 다양한 모양의 유저인터페이스를 디자인할 수 있다. 이제 매스매티카 Front End의 사용법에 대하여 간략히 알아보기로 하자.

### 헬프

Help Browser 메뉴에는 매스매티카 언어가 예와 함께 친절하게 설명되어 있다.
또, 이는 웹을 통해서도 접속 가능하며, 이러한 방법으로도 문제가 해결되지 않을 경우에는 인터넷의 유저그룹에 도움을 청하는 방법이 있다.

일반적으로 매스매티카 사용자, 특히 초보자에게 있어서 가장 많이 필요한 기능이 이러한 헬프 기능일 것이며, 여기에는 간단한 튜토리얼에서부터 방대한 양의 매스매티카 책이 모두 들어있다.

가장 간단한 헬프메뉴의 사용법으로 해당 명령어를 double click 하여 하이라이트를 한 후 F1 키를 눌러 헬프 브라우저를 컴퓨터 화면으로 불러 올린다. 물론 매스매티카 주 메뉴를 통해서도 똑같이 부를 수 있다.

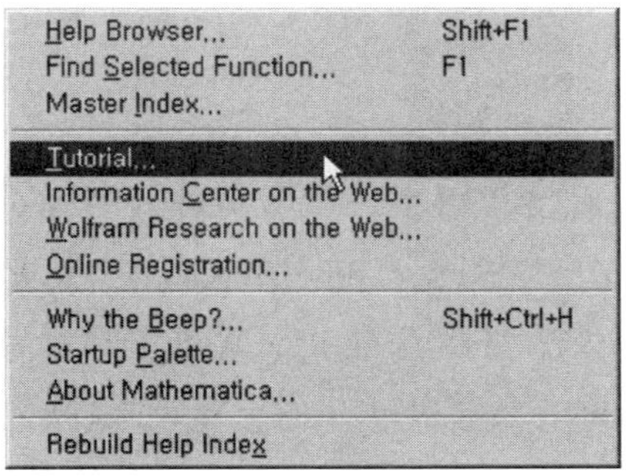


전반적으로 Front End 는 강력한 수학 워드프로세서의 기능이 있으며 노트북이라 불리는 .nb 확장자의 파일 형태로 정리, 저장된다.

매스매티카 노트북에서 유용하게 쓰이는 기능으로 글씨의 크기를 정하는 것이 있다. 금방 눈에 뜨이지 않지만 Front End 왼편 하단에 그림과 같은 모양의 메뉴로 정하게 되어있다.

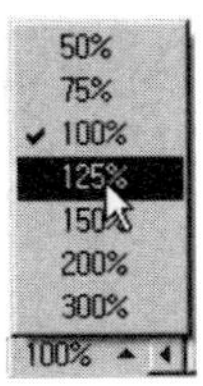

## 셀(Cell)

위에서 설명한 매스매티카 노트북을 잘 활용하려면 셀(cell)을 잘 다룰 수 있어야 한다. 셀이란 입력값과 출력값을 컨트롤하는 기본단위로 여러 개의 셀을 그룹으로 묶고, 해체 할 수 있다.

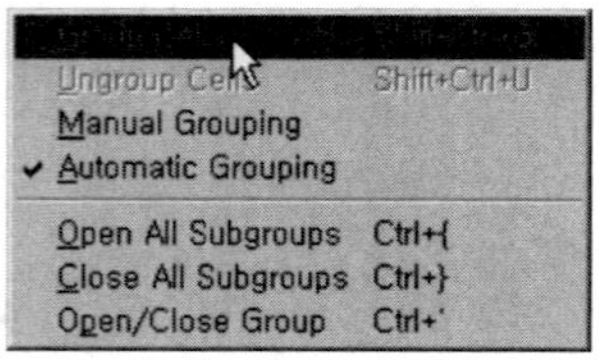


기본적으로 정해져 있는 셀은 입력모드의 셀로 이것을 마우스로 클릭하여 지정한 다음 Alt-5 를 누르면 Subsection 이 되고, Alt-9 를 누르면 이것은 다시 Input 모드로 된다. 이와 같이 Alt 키를 누른 상태에서 넘버 키를 누르면 셀은 각각의 번호에 해당한 스타일로 바뀌며, 이것은 Format 메뉴에서 Show Toolbar 를 클릭하여 확인할 수 있다.

그리고, 작업의 성격에 따라 매스매티카의 Input, Output 의 출력형태를 InputForm, StandardForm, TraditionalForm 등으로 변화시킬 수 있다. 주 메뉴, 셀 에서 설정해주면 노트북 내에서는 출력형태를 결정한다.

셀을 컨트롤하는 유용한 기능으로 Alt 키를 누른 상태에서 마우스로 셀을 클릭하여 노트북 내의 같은 스타일의 셀을 잡는 기능이 있다. 예를 들어, Alt 키를 누르고 input 의 셀 하나를 마우스로 잡으면 노트북 내의 모든 input 스타일의 셀이 한꺼번에 잡힌다. 그 다음, input 셀을 InputForm 이나 TraditionalForm 등으로 바꾸어 주든지 하면 일일이 바꾸는 것과 비교하여 매우 편리하다.

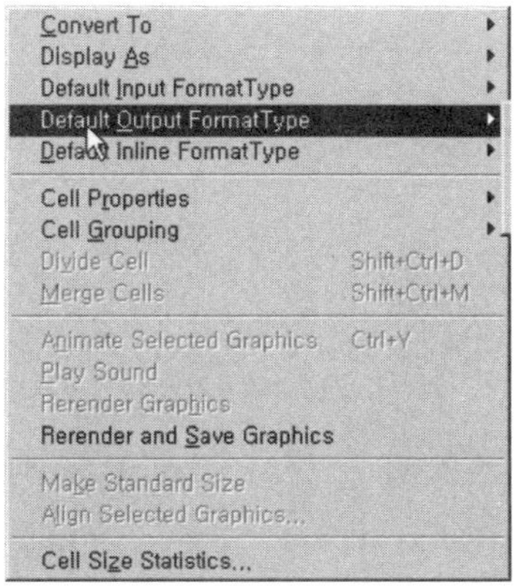


노트북 셀의 실행은 셀을 마우스의 클릭 등으로 지정한 다음 Shift-Enter 키를 동시에 눌러 실행한다. 그리고, 사용에 있어서 실행만큼 중요한 것이 커널을 정지시켜 실행을 멈추는 것이다.

아래의 그림과 같이 Front End 의 Kernel 메뉴에서 Quit Kernel, Local 을 마우스로 클릭해 주면, 매스매티카 세션에서 커널이 닫히고 다음 실행에서 커널이 처음부터 다시 실행된다.

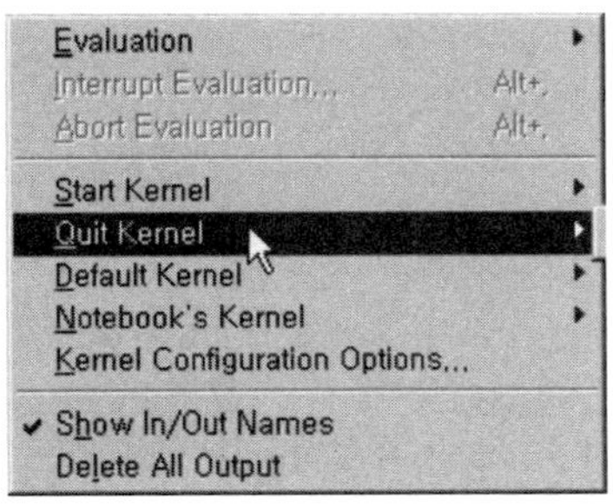


## 팔레트(Palette)

팔레트는 수학 워드프로세서의 기능으로 가장 많이 사용하는 메뉴 중 하나이다.

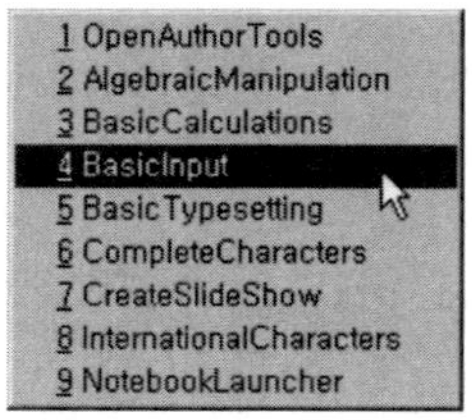


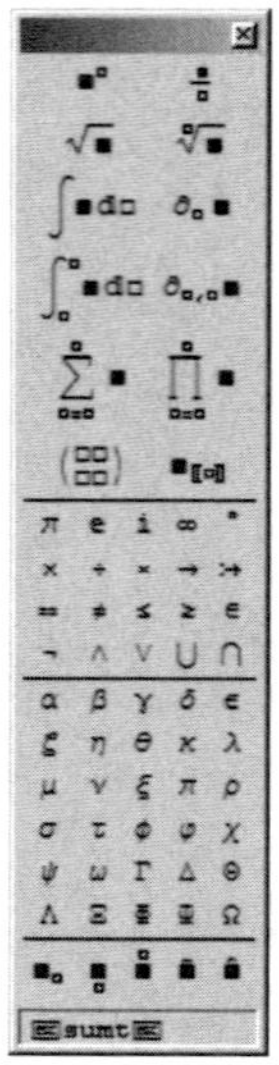

사실 Front End 에는 한 권의 책으로 만들 정도로 많은 기능이 있어 또 다른 독립의 프로그램이라 볼 수도 있다. 여기서는 이 책에 나오는 매스매티카 내용을 실행하고 이해하는 것과 관련된 Front End 의 기능을 중심으로 간단히 소개하여 보았다.

# 프로그램 기능

## 간단한 계산

매스매티카의 기초적인 계산기능으로 한 칸을 띄는 것은 곱하기를 의미한다.

```
2 + 2 3
```

```
8
```

제곱 승을 계산할 때 아래와 같이 캐럿(^)을 사용하나, 수학책에서 보는 일반적인 수학기호로 나타내려면, Cntl-^ 을 사용한다.

```
3^12
```

```
531441
```

나누기의 경우는 Cntl - / 를 입력하면 화면에 분수 꼴로 나타낼 수 있다.

```
1/2 - 3/4 - 5/6
```

$$-\frac{13}{12}$$

기본함수, N 은 주어진 수를 소수점의 수로 바꾸고, Rationalize 는 다시 그것을 분수로 바꾸어 준다.

```
N[%]
```

-1.08333

```
Rationalize[%]
```

$$-\frac{13}{12}$$

함수, N 에는 유효숫자를 조절하는 옵션이 있다. 이것은 사용자가 임의로 정할 수 있어 π 값 등을 원하는 만큼의 정확도로 표현할 수 있다.

```
N[ Pi, 100]
```

3.141592653589793238462643383279502884197169399375105820974944592307816406286208998628034825342117068

매스매티카에서 함수를 실행하는 일반적인 방법으로, 아래와 같이 기본함수, N 의 경우를 예로 보면 다음의 네 가지가 있다.

$$\mathbf{N}\left[\frac{1}{3}\right]$$

$$\mathbf{N@}\frac{1}{3}$$

$$\frac{1}{3}\ \mathbf{//\ N}$$

이것을 순서대로 설명을 하여보면,

1. 함수이름을 맨 앞에 두고 괄호와 함께 이용하여 쓰거나,
2. 기호, @을 이용하거나,
3. 입력 맨 마지막에 슬래시 두 개를 긋고 함수이름을 사용하거나,

4. 함수가 두 개의 입력값을 받는 경우 함수 이름을 두 개의 입력값 가운데에 둘 수 있다.

이와 같이 함수의 위치를 바꾸어 주는 표기 방법을 각각 1. prefix notation, 2. postfix notation, 3. infix notation 이라 한다.

위에서의 infix 방법의 예로 스트링을 소수점의 값으로 바꾸는 예를 보기로 하자. 여기서 <>는 기본함수, StringJoin 의 약식표현이다.

```
"1/3." <> "3"
```

1/3.3

이제 스트링은 입력으로 바꾸는 기본함수, ToExpression 을 사용하면 1/3. 에 있는 마침표로 인하여 결과는 소수점으로 계산된다.

```
ToExpression[%]
```

0.30303

기본함수, Table 을 이용하여 반복적으로 미분값을 구한다.

```
D[Table[(x + 1)^i, {i, 1, 10}], x]
```

$\{1,\ 2\ (1+x),\ 3\ (1+x)^2,\ 4\ (1+x)^3,\ 5\ (1+x)^4,\ 6\ (1+x)^5,\ 7\ (1+x)^6,\ 8\ (1+x)^7,\ 9\ (1+x)^8,\ 10\ (1+x)^9\}$

다항식을 전개하고, 그리고, 결과값을 다시 인수분해한다.

```
Expand[(x - y)^3]
```

$x^3 - 3\ x^2\ y + 3\ x\ y^2 - y^3$

```
Factor[%]
```

$(x - y)^3$

결과값을 기호적으로 사용하거나 소수점으로 바꾸는 것은 입력에 따라 자동으로 바뀐다.

```
x = Sin[2]
```

Sin[2]

함수 Sin 의입력값, 2 에 점을 하나 찍으면 결과값이 소수점으로 바뀐다.

```
x = Sin[2.]
 0.909297
```

변수, x 의 값은 상수로 위에서 이미 정의되었으므로, 아래와 같이 다시 정의하려하면 에러 메세지가 발생한다. 이러한 경우는 가장 흔한 매스매티카 사용에서의 오류로 고급 이용자도 가끔 겪기도 한다.

여기서 이 점은 강조하고, 또, 강조하기로 하자. 앞으로 매스매티카의 사용에 있어 오류가 생기면 다른 노트북 등에서 이미 정한 값이 아닌지를 확인해 주어야 한다.

```
{x[1], x[2]} = {Cos[1], Cos[2]}
 Set::write : Tag Real in 0.909297[1] is Protected. More…
 Set::write : Tag Real in 0.909297[2] is Protected. More…
 {Cos[1], Cos[2]}
```

변수, x 값을 비워주는 것으로 매우 중요하다.

```
Clear[x]
```

이제 변수, x 값에는 아무것도 없으므로 다음과 같이 정의하여도 무방하다.

```
{x[1], x[2]} = {Cos[1], Cos[2]}
 {Cos[1], Cos[2]}
```

단, 변수가 아래와 같이 Array 로 정의된 경우는 기본함수, Evaluate 를 사용하여 강제로 실행시켜 주어야 한다.

```
Evaluate[Array[a, 2]] = Array[Tan, 2]
 {Tan[1], Tan[2]}
```

즉, Array[a, 2]를 먼저 계산하고 다음 그것을 변수로 하여 값을 정해준다.

```
a[1] + a[2]
 Tan[1] + Tan[2]
```

## 기본구조

매스매티카의 수식 표현에 있어 구조를 이해하는 것은 매우 중요하다. 이러한 구조는 외부적, 내부적 구조로 나누어볼 수 있다.

외부적 구조라는 것은 컴퓨터 화면에 나타나는 것으로 별다른 설명 없이도 알 수 있으나, 내부적 구조는 실제로 소프트웨어 상에서의 모양으로 기본함수, FullForm 을 사용하여 알아볼 수 있다.

화면에서는 단순한 괄호로 묶어준 모양인 {a, b}는 내부적으로는 List[a, b]와 같이 Head[Body]의 구조로 표현되어 실제 매스매티카를 컨트롤할 때는 바로 이 내부 구조를 가지고 한다.

우선 매스매티카에서 괄호의 종류와 기능을 정리하면 다음과 같다.

| 괄호의 종류 | 기능 | 예 |
|---|---|---|
| ( ) | Grouping | (n = %)//TraditionalForm |
| { } | List, Vector, 행렬 | {{1, 2}, {3, 4}} |
| [ ] | 함수의 argument 혹은 index | N[x], a[1], a[2], a[3] |
| [[ ]] | index | s = {a, b, c}; s[[2]] |
| (* *) | 해설, 설명 | (* 설명이 .... *) |

일반적인 괄호의 경우의 예로 (n = %)// TraditionalForm 가 의미하는 바는 변수 n 에 바로 전에 얻은 결과를 저장하고 이것을 일반적인 수식의 형태로 화면에 나타내라는 명령이다.

매스매티카에서 헤드와 바디를 컨트롤하는 인덱싱은 중요한 기본기술로, 앞에서 언급한 바와 같이 매스매티카 수식표현을 Head[Body]형태로 이해할 때, 기본함수, Head 는 수식에서 맨 앞에있는 헤드를 리턴한다.

```
Head[func = Sin[x + y]]
Sin
```

기본함수, Head 는 인덱싱에서 0 번째 원소와 같다.

```
func[[0]]
 Sin
```

인덱스 1 과 기본함수, First ,그리고, 인덱스 -1 과 기본함수, Last 는 같다.

```
func[[1]]
 x + y

func[[-1]]
 x + y
```

## 함수 정의

함수를 정의할 때 사용하는 두 가지의 기호 = 와 :=의 차이는, (즉, 콜론을 붙인 것과 안 붙인 것의 차이는) 콜론이 있는 경우는 SetDelayed 라 하여 정의된 함수가 호출될 때 비로서 함수가 실행되게 하는 것을 말하며, 콜론이 없는 경우는 Set 이라 하며 함수값이 정의 되는 즉시 시행되어 처음 실행된 값을 계속 변함없이 가지고있다.

```
nextnumber := i = i + 1
i = 1; nextnumber; nextnumber; nextnumber; nextnumber
 5
```

예를 들어, 실수 0 과 1 사이의 랜덤값을 주는 기본함수, Random 의 경우 콜론이 없으면 처음 랜덤값이 정해져서 계속 그 값으로 되며, 콜론을 붙여 사용하는 SetDelayed 의 경우 그 함수를 부를 때 마다 새로운 랜덤값이 정해진다.

```
a := Random[]
b = Random[]
 0.738141

Table[{a, b}, {3}]
 {{0.646272, 0.738141}, {0.462079, 0.738141}, {0.409679, 0.738141}}
```

함수의 입력값을 선택적으로 걸러내는 기능으로 함수의 입력에 조건을 주어 정의할 수 있다.

```
f[x_?Positive] := Sqrt[x]
f[x_?(Function[x, x ≥ 0])] := Sqrt[x]
```

다른 방법으로 슬래시와 세미콜론을 함께 사용하여 함수에 조건을 달아줄 수 있다. 아래와 같이 /; y>x 의 의미는 y 값이 x 값보다 클 때 실행하라는 뜻이다.

```
f[x_, y_] := y - x /; y > x
{f[4, 7], f[5, 1]}
 {3, f[5, 1]}
```

함수입력부에서 x_Integer | x_Rational 의 의미는 변수, x 가 정수이거나 분수형태인 경우에만 함수를 실행한다.

```
f[x_Integer | x_Rational] := -N[x]
f[1/4]
 -0.25
```

이와 같은 입력값을 걸러내는 예로 다항식의 근을 구하는 함수를 정의한다. 입력값을 다항식만으로 필터링하는 방법으로 밑줄키 다음에 물음표로 시작하는 ? (PolynomialQ[#, x] &)를 사용한다.

```
zeroes[poly_?(PolynomialQ[#, x] &)] := Roots[poly == 0, x]

zeroes[x^2 - (a + b)x + a b]
 x==0.675599 -0.443573 i||x==0.675599 +0.443573 i
```

함수의 기능을 대신하는 매스매티카적 방법으로 패턴을 이용하여 효과적으로 구현하는 기술이 중요하다. 다음과 같이 함수의 입력값을 모두 괄호로 묶어주고 싶은 경우 패턴을 이용하여 마찬가지의 결과를 얻는다.

```
x[a___] := {a}

x[1, 2, 3]
 {1, 2, 3}
```

이제 패턴매칭을 이용하여 같은 결과값을 얻을 수 있다.

```
x[1, 2, 3] /. x[a___] -> {a}
{1, 2, 3}
```

원소 각각의 모양새를 응용해야 하는 경우에 패턴기능이 효율적이다. 다음의 집합이 주어졌을 때, 이 집합의 원소 중 소수점의 수만 선택적으로 제곱하여 보자.

```
l = {1, -1/2, 1.2, f[x]}
```

$\left\{1, -\frac{1}{2}, 1.2, f[x]\right\}$

원소가 소수점인 수의 헤드는 Real 이고, 또, 헤드라는 표현은 _Real 로 표현되어 이것을 골라 제곱 꼴로 바꾸어 준다.

```
l /. x_Real| x_f -> x^2
```

$\left\{1, -\frac{1}{2}, 1.44, f[x]^2\right\}$

## 무명함수(Anonymous function)

간단한 함수는 정의할 때마다 함수 이름을 달아줄 필요는 없다. 그것이 당연한 이유로 만일 주어진 값을 제곱하는 경우처럼 함수의 이름 자체가 하는 역할이 없을 때 편리하다.

이 경우 #^2&로 정의되면 구조적으로는 Function[#^2]의 형태로 매스매티카 내부적으로 이해된다.

```
f = #^2&;
f[3]
9
```

함수에 값을 입력하는 방법으로 @을 사용하는 빠르고 간편한 방법이 있다.

```
f@3
9
```

물론 괄호를 이용하여 함수를 부르는 방법이 가장 일반적인 방법일 것이다.

```
f[x + y]
 (x + y)^2
```

앰퍼샌드, &는 이름이 없는 함수의 정의에서 함수의 끝을 나타내는 기호이며, 슬롯, #1, #2 를 사용하여 각각 첫째, 둘째 입력값이 들어간다. 예로, $x^2 + y^2$ 와 같은 함수의 경우 x, y 는 각각 #1, #2 가 된다.

```
f = (#1 + #2)&[1, 2]
 3
```

다음과 같이 입력값의 개수가 둘인 경우 한 개만 입력하면 하나가 부족하여 에러가 나올 것이다.

```
f = (#1 + #2)&[1]
 Function::slotn: Slot number 2 in #1 + #2 & cannot be filled from (#1 + #2 &)[1].1 + #2
```

그러나, 다음과 같이 입력값의 개수가 함수의 매개 변수보다 많을 경우 입력값 중 두 개만 취하고, 나머지는 버린다.

```
f = (#1 + #2)&[1, 2, 3]
 3
```

리커젼은 프로그램에 있어 매우 중요한 개념으로 여기서는 간단히 예로 보이기만 하고 앞으로 이 책에서 수학적 개념과 함께 자세히 설명하기로 한다.

```
fac[1] = 1; fac[n_] := n fac[n - 1]
fac[7] == 7!
 True
```

## 속성(Attributes)

기호적, 대수적인 문제해결에 사용되는 기술로 사용자 함수는 물론 기본함수의 속성을 정의하고 바꾸는 방법이 있다. 함수의 속성 중에 Listable 의 의미는 리스트의 원소 각각에 모두 적용 된다는 의미로, 리스트를 통째로 제곱할 때 각각의 원소가 제곱이 되는 원리이다.

```
SetAttributes[f, Listable]
f[{a, b, c}]
  {f[a], f[b], f[c]}
```

기본함수의 결과값으로 오름차순으로 정렬되는 경우를 자주 본다. 이와 같이, 속성, Orderless 는 결과값을 소트(sort)하는 효과를 준다.

```
SetAttributes[f, Orderless]
f[d, b, c, a]
  f[a, b, c, d]
```

이제 함수, f 에서 Orderless 속성을 제거하면 소트되지 않은 입력값 그대로가 출력된다.

```
ClearAttributes[f, Orderless]
f[d, b, c, a]
  f[d, b, c, a]
```

## 패턴매칭

이제 앞에서 배운 패턴매칭의 기본기술과 기본함수의 속성을 컨트롤하는 방법을 응용하는 효과적인 프로그램 테크닉을 알아보기로 하자.

두 개의 원소로 만들어진 리스트를 받아 두 번째 원소만 더하는 함수, combine 을 정의하여보자. 이 함수의 속성으로 Flat 을 잡아주어 기본함수, Flatten 의 기능을 결과값에 자동으로 적용시킨다.

```
Attributes[combine] = {Flat};
combine[{a_, m_}, {a_, n_}] := combine[{a, m + n}]
```

기본함수, Trace 를 이용하여 함수의 실행과정을 추적하여 본다.

```
Trace[combine[{a, 1}, {a, 3}, {a, 4}]]
  {combine[{a, 1}, {a, 3}, {a, 4}], combine[combine[{a, 1 + 3}], {a, 4}], {{{1 + 3, 4}, {a, 4}}, combine[{a, 4}]},
  combine[combine[{a, 4}], {a, 4}], combine[{a, 4}, {a, 4}], combine[{a, 4 + 4}], {{4 + 4, 8}, {a, 8}},
  combine[{a, 8}]}
```

이제 원소가 반복적으로 나타나는 집합에 대해, 원소의 반복 빈도수를 계산하여 나가는 함수를 정의하여 보자.

우선 위에서 정의한 함수, combine 을 이용하여 구하는 방법이 있다.

```
run1[x_List] := List @@ combine @@ ({#1, 1} & ) /@ x
```

이번에는 패턴매칭을 이용하여 마찬 가지 결과를 얻을 수 있다. 패턴은 키보드의 Shift 마이너스에 해당하는 밑줄키를 한 번 쓰고, 두 번 쓰고, 세 번 쓰는 것으로 구별한다. 한 번 쓰면, '단 한 개의 무엇'으로 해석할 수 있고, 두 번 쓰면, '한 개 이상의 무엇', 세 번은 '0 개 이상의 무엇'으로 각각 해석된다.

아래 내용에서, {u___, {v_, r_}, {v_, s_}, w___}는 한 개 이상 혹은, 0 개의 무엇 (즉, 아무것도 없음)을 변수, u 라 하고 괄호에 싸여진 변수, v, r, s 에는 정확하게 단 한 개의 원소가 오며, 변수, u 와 같이 w 의 위치에는 아무것도 없거나 아니면 한 개 이상인 무엇이 자리하고 있다.

```
run2[list_List] := ({#1, 1} & ) /@ list //.{u___, {v_, r_}, {v_, s_}, w___} -> {u, {v, r + s},
w}
```

이제 위에 정의한 두 개의 함수 run1 과 run2 가 동일하다는 것을 실험으로 보기로 하자.

문자, a, b, c 를 중복을 허용하고 랜덤으로 섞어 30 개의 원소를 만든다.

```
randomlist = Table[{a, b, c}[[Random[Integer, {1, 3}]]],{30}]
```

```
{a, b, a, c, c, b, c, a, c, c, a, b, c, a, b, a, b, b, a, c, a, b, b, a, c, c, b, c, b, c}
```

위의 결과를 왼편에서 오른편으로 가며 중복을 세어가기로 한다.

```
run1[randomlist]
```

```
{{a, 1}, {b, 1}, {a, 1}, {c, 2}, {b, 1}, {c, 1}, {a, 1}, {c, 2}, {a, 1}, {b, 1}, {c, 1}, {a, 1}, {b, 1}, {a, 1}, {b, 2}, {a,
1}, {c, 1}, {a, 1}, {b, 2}, {a, 1}, {c, 2}, {b, 1}, {c, 1}, {b, 1}, {c, 1}}
```

```
run2[randomlist]
```

```
{{a, 1}, {b, 1}, {a, 1}, {c, 2}, {b, 1}, {c, 1}, {a, 1}, {c, 2}, {a, 1}, {b, 1}, {c, 1}, {a, 1}, {b, 1}, {a, 1}, {b, 2}, {a,
1}, {c, 1}, {a, 1}, {b, 2}, {a, 1}, {c, 2}, {b, 1}, {c, 1}, {b, 1}, {c, 1}}
```

이와 같이 두 개의 함수가 같은 결과를 준다는 것을 확인한다.

## 기본함수의 확장

기본함수를 나의 필요에 맞게 사용하여야 할 때가 있다. 기본함수, Random 의 경우 기본 값은 0 부터 1 까지의 균등분포이므로, 표준정규분포를 따르는 란덤값은

```
Random[NormalDistribution]:= N[mu + sigma Sqrt[-2 Log[Random[]]] Cos[2Pi
Random[]]]
```

와같은 모양으로 정의하고 싶으나, 이것은 기본함수, Random 을 정의하려는 시도이므로 에러 메세지가 나온다.

이러한 경우, NormalDistribution /: Random[NormalDistribution[mu_:0, sigma_:1]] := .... 와 같이 NormalDistribution 이 함수의 주체가 되도록 하면 기본함수, Random 을 유저가 다시 정의하려는 시도가 아니므로 에러를 피할 수 있어 원하는 결과를 얻을 수 있다.

참고로 [mu_:0, sigma_:1]와 같이 콜론을 쓴 경우는 사용자가 입력값을 생략하였을 때 자동으로 사용하는 디폴트값이다.

간단한 예로, Log 함수의 경우 다음과 같은 시도는 위에서 설명한 바와 같이 기본함수, Log 를 사용자가 고치려 하는 시도로 간주되어 에러 메세지가 나온다.

```
Log[large] := tiny
 SetDelayed::write: Tag Log in Log[large] is Protected.
 $Failed
```

여기에 large /:를 앞에 내세워 large 가 함수의 주체가 되게 한다.

```
large /: Log[large] := tiny
Log[large]
 tiny
```

또 다른 예로, 랜덤값이 -1 부터 1 까지의 값으로 하려면 다음과 같이 myrandom 이 주체가 되도록 한다.

```
myrandom/: Random[myrandom]:= 2 Random[]-1
Random[myrandom]
 0.476503
```

## 기본언어의 응용

여기서 간단한 산수 문제인 1 부터 1000 까지 더하기 문제를 해결하기 위한 매스매티카 솔루션을 가능한한 여러 가지로 제시하였다. 이러한 시도를 통하여 매스매티카의 기본언어에 대하여 설명하기로하자.

### Apply

```
Apply[Plus, Range[1000]]
```

Apply 를 이용하는 방법이 매스매티카로 더하기 연산의 가장 전형적인 방법이라 할 수 있다. Range[1000]의 결과는 1 에서 1000 까지의 자연수, 즉, {1, 2, 3, ..., 1000}이 되고, 이것이 매스매티카 내부적으로는 List[1, 2, 3, ..., 1000]으로 인식된다.

그 다음 Apply[f, expr]는 expr 의 헤드에 해당하는 List 를 떼어내고 대신 f 로 바꾸어 넣으므로 그것의 결과는 Plus[1, 2, 3, ..., 1000]으로 되어 매스매티카 내부적으로 더하기로 실행된다.

[규칙]

Apply[func, expr]

(혹은 func@@ expr) expr 의 헤드를 func 로 바꾼다.

Apply[func, expr, level]

func 를 level 에 Apply 시킨다.

[예]

f 자리에 Plus 가 들어간다.

```
Apply[Plus, f[a, b, c]]
 a + b + c
```

역으로 a+b+c 는 내부적으로 Plus[a, b, c]로 저장되므로 Plus 대신 List 가 들어가면 List[a, b, c]로 계산되어 이것은 {a, b, c}로 화면에 출력된다.

```
Apply[List, a+b+c]
 {a,b,c}
```

Level 0 과 1 의 헤드, 즉, List 를 f 로 바꾼다.

```
Apply[f, {{a, b}, {c, d}}, {0, 1}]
 f[f[a, b], f[c, d]]
```

평균값을 구하는 방법으로 l 이 List 이면 l 의 숫자들을 모두 더하여 숫자의 개수, Length[l]로 나누어 준다.

```
avg[l_List] := Plus @@ l /Length[l]
```

## Map

```
x = 0; Map[(x+=#)&, Range[1000]]//Last
```

가장 중요한 함수의 하나인 Map 을 사용하는 방법으로 1 에서 1000 까지 계속 더해가는 방법을 (x+=#)& 와 같이 정의한다. 이것을 Range[1000], 즉, {1, 2, 3, ..., 1000}의 원소에 실행시키므로 x 의 값은 계속 증가되어 결과는 $\left\{\sum_{x=1}^{1} x, \sum_{x=1}^{2} x, \cdots, \sum_{x=1}^{1000} x\right\}$ 로 된다. 그러면 이것의 마지막 원소, 즉, $\sum_{x=1}^{1000} x$ 가 원하는 답이 된다.

슬래시를 두 번 사용하는 것은 함수를 결과에 바로 이어서 Last 함수를 적용한 것으로 실제에 있어 매우 유용한 기본기술이다. 이것은 Last 함수를 앞으로 내보낸 Last[Map[(x+=#)&, Range[1000]]]와 같다.

[규칙]

```
Map[f, { a, b, c,... }]
{f[a], f[b],...}
```

## ReplaceAll

```
Range[1000] /. List->Plus
```

슬래시에 마침표를 찍은 모양의 함수, /. 은 기본함수, ReplaceAll 을 줄여 표현하는 방법으로 Range[1000]의 결과, 즉, {1, 2, 3, ..., 1000}에서 헤드인 List 를 Plus 로 바꾸므로, 원하는 1 에서 1000 까지의 합을 구할 수 있다. 이것은 변수에 일정 값을 대입시키는 전형적인 방법이다.

```
Solve[x^2 + 3x + 1 == 0, x]
```

$$\left\{\left\{x \to \frac{1}{2}\left(-3-\sqrt{5}\right)\right\}, \left\{x \to \frac{1}{2}\left(-3+\sqrt{5}\right)\right\}\right\}$$

```
x /. %
```

$$\left\{\frac{1}{2}\left(-3-\sqrt{5}\right), \frac{1}{2}\left(-3+\sqrt{5}\right)\right\}$$

## Table

```
tot = 0; Table[tot += i, {i, 1000}]//Last
```

Table 은 매스매티카에서 가장 중요한 loop 함수라 할 수 있다. 항상 중간 과정까지 모두 포함하여 List 꼴로 결과값을 리턴한다. 그리고, tot += i 는 tot= tot + i 와 같으므로 주어진 수 들의 합은 마지막 원소가 된다.

[규칙]

```
Table[ expr, {imax}]
Table[ expr, {i, imax}]
Table[ expr, {i, imin, imax}]
Table[ expr, {i, imin, imax, di}]
Table[ expr, {i, imin, imax}, {j, jmin, jmax}, ... ]
```

## While

```
tot = i = 0; While[i <=1000, total += i; i++]
```

루프의 조건으로 i <= 1000 을 만족시키는 동안은 total 이 i 씩 늘어나는 반면, i 는 1 씩 늘어난다.

[규칙]

```
While[조건, 본문]
```

## Do

```
total = 0; Do[total +=i, {i,1000}]; total
```

total += i 는 total = total + i 와 같으므로 i 씩 늘어간다.

[규칙]

Do[expr, {i, imax}] ; 1 에서 imax 까지 expr 을 실행함.

Do[expr, {i, imin, imax, di}]; imin 에서 imax 까지 di 의 차이를 가지고 expr 을 실행한다.

## For

```
For[tol = i = 0, i<=1000, i++, tot+= i]
```

변수 i 값을 증가시켜 합을 구하는 방법으로 여기서 i++는 i = i + 1 과 같으므로 1000 이 될 때까지 증가되며 변수 tot 에 더하여 준다.

[규칙]

```
For[초기치, 조건, increment, body]
```

## Nest

```
i = 1; Nest[Plus[#, i++]&, 0, 1000]
```

Nest[f, x, n] 함수 f 를 초기치 x 를 사용하여 n 번 반복하여 함수값을 취하여 준다. 예를 들어 Nest[Sin, x, 4]의 결과는 Sin[Sin[Sin[Sin[x]]]]이 된다. 위에서 0 이 초기값이 되고 함수 Plus 를 1000 번 적용한다. 다시 말하면, Plus[Plus[Plus[ ...Plus[[Plus[0, 1], 2] ...]]]의 꼴이 되므로 주어진 수를 모두 더하는 것과 마찬가지 결과가 된다. 그리고, 계산의 중간 결과를 보려면 Nest 대신 NestList 를 사용하면 된다.

[규칙]

```
Nest[f, 수식, 반복회수]
```

## Fold

```
Fold[Plus, 0, Range[1000]]
```

이 방법은 Fold[Plus, 0, {1, 2, 3, ..., 1000}]이므로 계산의 과정은 0, Plus[0,1], Plus[Plus[0, 1], 2], ..., Plus[Plus[...Plus[Plus[0, 1], 2] ...], 1000]으로 되므로 결과는 주어진 수의 합이 된다.

[규칙]

Fold[f, x, {a, b, ...}]는 x 를 초기치로 하여 x, f[x, a], f[f[x, a], b], ...하여 나온 마지막 결과를 내 보낸다.

## FixedPoint

```
i = 1; FixedPoint[Plus[#, i++]&, 0, 1000]
```

결과값이 변함이 없을 때까지 반복적으로 기본함수, Plus 를 적용하여 나간다. 여기서는 iteration 의 횟수를 1000 으로 정하여 1000 까지 더하는 꼴이 된다.

[규칙]

FixedPoint[f, x]

함수 f 를 x 에 반복적으로 적용하여 결과가 변화하지 않을 때까지 한 결과

FixedPoint[f, x, SameTest-> 조건]

## Sum

(1) Sum[i, {i, 1000}]

(2) Evaluate[Array[x, {1000}]] = Range[1000];

Sum[x[i], {i, 1000}]

(1) Sum[i, {i, n}]은 $\sum_{i=1}^{n} i$ 에 해당하므로 이것을 이용하여 간단히 1 에서 1000 까지의 합을 구할 수 있다.

(2) 기본함수, Evaluate 을 사용하여 x[i]에 i 값을 저장하고 나중에 이들을 더한다.

## Thread

(1) Array[x, 1000, 1, Plus] /. Thread[Array[x, 1000] -> Range[1000]]

(2) Clear[a]; Evaluate[Array[a, 1000]] = Range[1000]; Array[a, 1000, 1, Plus]

(1) Thread[Array[x, 1000] -> Range[1000]] 하나만 놓고 보면 Thread[{x[1], x[2], x[3], ..., x[1000]} -> {1, 2, 3, ..., 1000}이 되고, 이것에 기본함수, Thread 를 사용함으로써 화살표, ->, 즉 Rule 이 병렬적으로 적용되어 {x[1]->1, {x[2]->2, …, x[1000]->1000}이 만들어진다. 이것은 다시 Array[x, 1000, 1, Plus], 즉, x[1] + x[2] + … + x[1000]의 변수값을 각각 대입 시켜주는 결과가 되어 1 부터 1000 까지 수의 합이 된다.

(2) 변수에 값을 대입하는 유사한 방법으로 Evaluate 을 사용하는 기본기술을 사용한다. 그리고나서, x[1] + x[2] + … + x[1000]을 만들어 내므로 결과는 역시 1 부터 1000 까지 수의 합이 된다. 위의 예는 변수에 특정한 값을 대입하는 방법에 대한 좋은 공부거리이다.

[규칙]

```
Thread[f[{a1, a2}, {b1, b2}]]
```

주어진 리스트에 대하여 f 함수를 적용시켜 대칭되는 위치의 원소를 마치 실을 꿰듯 함수를 적용하여 그것의 결과로 {f[a1, b1], f[a2, b2]}를 얻는다.

## Scan

```
x=0; Scan[(x+=#)&, Range[1000]]; x
```

Scan 의 성격은 Map 과 유사하나 이와 다른 점은 함수의 값을 리턴하지 않는다는 것이다. 쉽게 말해, 입력에 대하여 결과값, Out[]=이 없다는 것이다. 그러므로, List 의 마지막 원소를 취하는 것이 아니라 변수 x 의 값이 변하므로 이것을 마지막에 불러 계산의 결과로 사용한다.

## 패턴매칭

```
(1) Plus[Range[1000] /.{x___}-> x]
(2) Range[1000] /. {x_ _ _} :> Plus[x]
```

(1) 이 방법은 매스매티카의 패턴매칭기능을 이용한 것으로 아이디어는 다음과 같다. 기본적으로는 {1, 2, 3, ...,1000}의 헤드인 List 를 Plus 로 바꾸면 더하기가 이루어지는 성질을 이용한 것이다. 즉, 기본함수, Plus[]의 []안에 1, 2, 3, ...,, 1000 을 넣자는 것이다.

그것은 {x_ _ _} -> x 가 하는 역할로 그의 해석은 {}안의 모든 것을 {}를 떼어 내자는 것으로 키보드의 shift-마이너스 키에 해당하는 밑줄키를 세 개 연속으로 사용하여 만든 기호 ___이 0 개 이상의 원소를 의미하므로 {1, 2, 3, ..., 1000}의 모양과 일치하고,

{}안의 것, 즉, 1, 2, 3, ..., 1000 은 x 의 값이 된다. 이것은 List -> Sequence 로 하여도 같은 효과를 가져온다.

(2) {1, 2, 3, ..., 1000}의 헤드인 List 를 Plus 로 바꾸는 데에는 아이디어가 같다. 다른 점으로, {x___} :> Plus[x]의 의미는 { … }꼴로 된 것은 괄호 안의 모든 것을 변수 x 에 넣고 Plus[x]를 하라는 뜻으로 결국에는 더하기가 이루어진다.

## MapThread

```
MapThread[Plus, Table[{i}, {i, 1000}]][[1]]
```

결과적으로 Plus[1, 2, 3, ..., 1000]이 된다.
MapThread 는 생각보다 쓸모가 많은 함수로 예로, {{a1, a2}, {b1, b2}}를 입력으로 받아 {f[a1, b1], f[a2, b2]}를 만들려는 경우 MapThread 라는 함수가 없으면,Map[f @@ # &, Thread[{{a1, a2}, {b1, b2}}]]와 같이 번거로운 과정을 거치나, MapThread 를 이용하면 MapThread[f, {{a1, a2}, {b1, b2}}]와 같이 간단히 처리할 수 있다.

[규칙]

```
MapThread[f, {{a, b, c, d}}]
 {f[a], f[b], f[c], f[d]}

MapThread[f,{{a}, {b}, {c}, {d}}]
 {f[a, b, c, d]}

MapThread[f, {{a1, a2}, {b1, b2}}]
 {f[a1, b1], f[a2, b2]}
```

## Inner

```
Inner[Sequence, Range[1000], Table[0, {1000}], Plus]
```

매스매티카는 내부적으로 {a, b, c, d}는 List[a, b, c, d}로, a, b, c, d 는 Sequence[a, b, c, d]로 표현된다. 결과적으로 {1, 2, 3, ..., 1000}과 {0, 0, 0, ..., 0}을 Sequence 에 대하여 내적을 취하면 Sequence[1, 2, 3, ..., 1000]이 된다. 이것에 함수, Plus 를 적용하면 Plus[Sequence[1, 2, 3, ..., 1000]], 이것은 다시 Plus[1, 2, 3, ..., 1000]이 되므로 구하는 합이 된다.

[규칙]

Inner[f, list1, list2, g]

list1 과 list2 에 함수 f 에 대하여 내적을 취하고 그 결과에 함수 g 를 적용시킨다.

## Distribute

```
Distribute[Range[1000], List, List, Plus, Sequence]
```

기본함수, Distribute 는 수학에서의 다항식의 곱과 유사한 성질을 가진 것으로 매스매티카 프로그래밍에 매우 중요한 함수이다.

예를 들어, 집합 {a, b, c} 의 부분집합을 모두 구하는 문제의 경우를 생각하여 보자. 우선 다음의 명령을 실행하여 보자.

```
Distribute[{{{}, {a}}, {{}, {b}}, {{}, {c}}}, List, List, f, g]
  f[g[{}, {}, {}], g[{}, {}, {c}], g[{}, {b}, {}], g[{}, {b}, {c}], g[{a}, {}, {}], g[{a}, {}, {c}], g[{a}, {b}, {}], g[{a}, {b}, {c}]]
```

우선 위의 결과를 볼 때 f 와 g 에 List 와 Join 을 각각 대입하면

```
Distribute[{{{}, {a}}, {{}, {b}}, {{}, {c}}}, List, List, List, Join]
  {{}, {c}, {b}, {b, c}, {a}, {a, c}, {a, b}, {a, b, c}}
```

[규칙]

Distribute[f[a+b+ ... ]]

f[a, ...] + f[b, ...] + ...

```
Distribute[f[args], g]
```
f 를 헤드가 g 인 곳에 분배시킨다.

```
Distribute[expr, g, f]
Distribute[expr, g, f, gp, fp]
```

## 리커젼(Recursion)

```
(1)
$RecursionLimit = 10000;
add[0] = 0;
add[x_] := add[x-1]+x; add[1000]

(2)
sigma[0] := Hold[Plus][];
sigma[x_] : = Append[sigma[x-1], x];
ReleaseHold[sigma[1000]]
```

(1) 함수를 리커젼을 이용하여 합을 구한다. 이때, 리커젼의 회수가 기본값인 256 을 넘을 경우 $RecursionLimit 을 증가시켜 조절한다.

(2) 이 방법은 기본적으로 재귀적(recursive)이라는 데에서 방법 21 과 유사하나, 다른 점은 여기서는 각각의 수가 List 에 Append 되어 나온 결과에 Plus 를 적용시켜 합을 구한다는 데에 있다.

전체적으로 Module 로 싸여 전체가 하나의 내부 구조를 이룬다. x 는 local variable 이고 Hold[Plus][ ] 는 1 부터 1000 까지의 수가 모두 [ ]안에 모일 때까지 계산을 유보시키고, 마지막 줄의 ReleaseHold 에 의하여 계산이 이루어진다.

## Dot

```
Range[1000].Table[1, {1000}]
```

주어진 수의 합은 행렬의 곱의 결과로도 표현할 수 있다.

### Log, Product, Exp

```
Log[Product[Exp[x], {x,1000}]]
```

위의 방법은 매스매티카 언어적 기술이라기보다 단순한 수학적인 사실을 이용하였다.

## 논리함수

매스매티카는 처음 나올 때부터 빠른 속도로 대학 교과과정에 자리를 잡아가며 얼마 되지않아, 수학을 쓰는 거의 모든 분야에 응용되었다. 하지만 여러 가지 이유로 이것은 당연한 일이라 전혀 놀라운 일이 아니지만, 매스매티카 초창기부터 철학과의 교과과정에 들어간 사실에 대해서는 많은 사람들이 의외로 느낄 것이다.

그러나, 아무리 복잡한 논리식도 기본함수, LogicalExpand 하나로 간단히 해결하는 것을 알고 나면 이것은 조금도 놀라운 현상이 아니다.

이제 매스매티카로 진리표를 만들어 보고, 그것을 이용하는 논리 문제를 생각하여 보기로 하자.

```
predicates[n_] := Flatten[Outer[List, Sequence @@ Table[{True,
    False}, {n}]], n - 1]

calcRow[args_, statements_] := Join[args, (#1 @@ args &) /@ statements]

truthTable[n_Integer?Positive, statements___] := Module[{i, headers},
    headers = {"p", "q", "r", "s", "t", "u", "v", "w", "z"};
    Prepend[(calcRow[#1, {statements}] &) /@ predicates[n],
   Join[Take[headers, n], Table[i, {i, n - 9}], {statements @@ Take[headers, n]}]]]
```

```
/.{True -> T, False -> F}
```

위의 완성된 진리표를 만드는 프로그램을 보면 매우 복잡한 듯 하나 실제 속알맹이는 전혀 그렇지 않다. 이제 이 프로그램의 핵심이 되는 부분을 하나씩 풀어서 실험하여 보기로 하자.

위에서 정한 함수, predicates 는 n 개의 변수를 가지고 $2^n$ 개의 T 와 F 의 모든 조합을 만든다. 여기서 predicates[2]는 $2^2$ 줄의 모든 경우를 만든다.

```
predicates[2]
```

$$\begin{pmatrix} \text{True} & \text{True} \\ \text{True} & \text{False} \\ \text{False} & \text{True} \\ \text{False} & \text{False} \end{pmatrix}$$

위에 있는대로 사용할 수 있으나, 대신 일상적인 T, F 로 바꾸어 즈면 눈에 익어 편하다.

```
predicates[2] /. {True -> T, False -> F}
```

$$\begin{pmatrix} T & T \\ T & F \\ F & T \\ F & F \end{pmatrix}$$

이제 A implies B 라는 주장에 대한 진리표를 만들어보자. A, B 에 해당하는 것으로 슬롯을 사용하여 각각 #1, #2 라 두면, A implies B 는 Implies[#1, #2]가 된다.

```
evaluateLogic = Implies[#1, #2] &;
```

위의 evaluateLogic 함수를 {True, False}에 Apply 시킨다. {True, False}는 매스매티카 내부적으로 List[True, False]이고, 여기에 evaluateLogic 함수를 Apply 시키면(즉, evaluateLogic @@ {True, False}) 결국 evaluateLogic [True, False]가 된다.

이때, #1 에는 첫 번째 입력값이, 그리고, #2 에는 두 번째 입력값이 각각 대입되어 결과적으로 Implies[True, False]가 되므로 실행의 결과는 False 가 된다.

```
evaluateLogic @@ {True, False}
  False
```

기본함수, Map 을 써서 함수 evaluateLogic 을 위에서 구한 True, False 두 개를 조합하는 모든 경우, 즉, predicates[2]에 모두 적용시킨다.

```
evaluateLogic @@ # & /@ predicates[2]
  {True, False, True, True}
```

이제, 앞에서 만든 진리표 프로그램을 이용하여 다시 계산하여 보면 마지막 열이 위에서 얻은 결과, {T, F, T, T}가 되는 것을 알 수 있다.

```
tbl = truthTable[2, Implies[#1, #2] &]
```

$$\begin{pmatrix} p & q & p \Rightarrow q \\ T & T & T \\ T & F & F \\ F & T & T \\ F & F & T \end{pmatrix}$$

이것을 더 보기 좋은 모양으로 바꾸는 방법이 있다.

```
GridBox[tbl, RowLines -> False, ColumnLines -> True] // DisplayForm
```

| p | q | p ⇒ q |
|---|---|---|
| T | T | T |
| T | F | F |
| F | T | T |
| F | F | T |

슬롯을 이용하면 함수 truthTable 의 사용에 필요한 논리문을 만들 수 있다. 진리표를 이용해 다음과 같이 A->B 와 Not A Or B 는 동일한 논리문이라는 것을 보일 수 있다.

즉, 진리표의 마지막 열을 비교하여 같다는 것을 알 수 있다.

```
truthTable[2, ! #1 || #2 &] // TableForm
```

| p | q | !p\|\|q |
|---|---|---|
| T | T | T |
| T | F | F |
| F | T | T |
| F | F | T |

논리 변수가 세 개짜리인 경우의 예로 슬롯의 번호를 #3 까지 사용하면 된다.

```
truthTable[3, #1 && Implies[#1 || ! #2, #3] &] // TableForm
```

| p | q | r | p&& Implies[p \|\| ! q, r] |
|---|---|---|---|
| T | T | T | T |
| T | T | F | F |
| T | F | T | T |
| T | F | F | F |
| F | T | T | F |
| F | T | F | F |
| F | F | T | F |
| F | F | F | F |

진리표를 이용하여 다음의 재미나는 논리 퍼즐을 풀어보기로 하자.

[문제]

A, B 두 사람의 대화가 다음과 같았다.

A: B 는 거짓말쟁이다.

B: A 와 C 는 둘 다 똑같이 진실만을 말하거나 거짓말만 한다.

이때 C 는 거짓말쟁이인가, 아니면 진실만을 말하는가?

[설명]

이 문제에 세 사람이 등장하고 한마디씩 하는 것을 슬롯을 이용하여 표현할 수 있다. 우선 A, B, C 세 사람의 말을 #1, #2, #3 이라 두고,

1. A 는 B 가 거짓말쟁이라 하였으므로, (#2 == False) == #1 이라 할 수 있고,
2. B 는 A 와 C 둘 다 똑같이 진실만을 말하거나 거짓말간 한다 하였으므로 이것은 (#1 == #3) == #2 로 표현할 수 있다.

위에서 A 와 B 가 말한 상황을 진리표로 구성하여 보면 다음과 같다.

```
tbl = truthTable[3, (#2 == False) == #1 && (#1 == #3) == #2 &]
```

$$\begin{pmatrix} \mathrm{p} & \mathrm{q} & \mathrm{r} & \mathrm{q} = F = \mathrm{p} \wedge F = \mathrm{q} \\ T & T & T & F \\ T & T & F & F \\ T & F & T & F \\ T & F & F & T \\ F & T & T & F \\ F & T & F & T \\ F & F & T & F \\ F & F & F & F \end{pmatrix}$$

위의 표에서 보듯이 모든 정황과 맞아 떨어지는 경우, 즉 진리표의 마지막 열이 T 인 경우를 고른다.

```
Cases[tbl, {___, T}]
```

$$\begin{pmatrix} T & F & F & T \\ F & T & F & T \end{pmatrix}$$

이렇게 고른 경우에서 C 는 모두 False 로 판명되므로 C 는 거짓말쟁이가 된다.

```
Take[%, All, {3}]
```

$$\begin{pmatrix} F \\ F \end{pmatrix}$$

## 행렬의 구조

행렬을 만드는 기초적인 방법으로 메뉴에서 팔레트(palette)를 이용하여 만드는 것이 되겠으나, 이렇게 만들어지는 행렬은 모두 정형화된 간단한 모양 밖에 되지 않아 한계가 있다. 이에 따라 매스매티카의 함수를 이용하여 행렬을 만들고 변형시키는 기술이 일반적인 문제 해결에 매우 중요하다.

행렬에 관한 기본적인 함수로는 Table, Array, Partition 등이 있으며, 기존의 주어진 행렬을 조작하여 새로운 행렬을 만드는 방법으로는 여러 가지의 패키지 함수가 있다.

우선 가장 간단한 모양으로 행렬의 원소가 1 인 열 벡터(column vector)모양의 행렬을 만든다.

```
A = Table[{1}, {4}]
```

$$\begin{pmatrix} 1 \\ 1 \\ 1 \\ 1 \end{pmatrix}$$

이것을 리스트 모양으로 보이면 각각의 원소에 괄호가 씌워져 있는 것을 알 수 있다.

```
A // StandardForm
{{1}, {1}, {1}, {1}}
```

행렬의 원소가 1 인 행 벡터(row vector)모양의 행렬을 만든다. 행렬 B 는 단순한 리스트 형태인 {1, 1, 1, 1}과는 다르다.

```
B = Transpose[A]
```

$$\begin{pmatrix} 1 & 1 & 1 & 1 \end{pmatrix}$$

이것을 리스트 모양으로 보이면 괄호가 한 번 더 씌워져있는 것을 알 수 있다.

```
B // StandardForm
{{1, 1, 1, 1}}
```

위의 둘을 곱하면 원소가 모두 1 인 $4 \times 4$ 행렬이 된다.

```
A.B
```

$$\begin{pmatrix} 1 & 1 & 1 & 1 \\ 1 & 1 & 1 & 1 \\ 1 & 1 & 1 & 1 \\ 1 & 1 & 1 & 1 \end{pmatrix}$$

행렬을 만드는 효율적인 방법으로 Array 와 pure function(즉, slot 과 &를 이용하는 것)을 사용하는 방법이 있다.

```
Array[{#1} &, 4]
```

$$\begin{pmatrix} 1 \\ 2 \\ 3 \\ 4 \end{pmatrix}$$

한 줄로 된 리스트를 네 개씩 묶어 4 × 4 행렬을 만들 수도 있다.

```
Partition[Range[16], 4, 4]
```

$$\begin{pmatrix} 1 & 2 & 3 & 4 \\ 5 & 6 & 7 & 8 \\ 9 & 10 & 11 & 12 \\ 13 & 14 & 15 & 16 \end{pmatrix}$$

위의 Table 과 Array 외에도 단위행렬과 대각행렬과 같이 자주 사용되는 함수는 IdentityMatrix, DiagonalMatrix 로 각각 정의되어 있다.

```
IdentityMatrix[4]
```

$$\begin{pmatrix} 1 & 0 & 0 & 0 \\ 0 & 1 & 0 & 0 \\ 0 & 0 & 1 & 0 \\ 0 & 0 & 0 & 1 \end{pmatrix}$$

IdentityMatrix 와 Table 을 이용하여 DiagonalMatrix 를 이용하여 만들 수도 있다.

```
DiagonalMatrix[Table[1, {4}]]
```

$$\begin{pmatrix} 1 & 0 & 0 & 0 \\ 0 & 1 & 0 & 0 \\ 0 & 0 & 1 & 0 \\ 0 & 0 & 0 & 1 \end{pmatrix}$$

두 개의 행렬을 서로 붙여서 새로운 모양의 행렬을 만든다.

```
A = {{a11, a12}, {a21, a22}}
```

$$\begin{pmatrix} \text{a11} & \text{a12} \\ \text{a21} & \text{a22} \end{pmatrix}$$

```
B = {{b11, b12}, {b21, b22}}
```

$$\begin{pmatrix} \text{b11} & \text{b12} \\ \text{b21} & \text{b22} \end{pmatrix}$$

같은 행렬, $\begin{pmatrix} a & b \\ c & d \end{pmatrix}$을 두 번 곱하는 방법은 아래와 같다.

$$\begin{pmatrix} \mathbf{a} & \mathbf{b} \\ \mathbf{c} & \mathbf{d} \end{pmatrix} . \begin{pmatrix} \mathbf{a} & \mathbf{b} \\ \mathbf{c} & \mathbf{d} \end{pmatrix}$$

$$\begin{pmatrix} a^2 + b\,c & a\,b + d\,b \\ a\,c + d\,c & d^2 + b\,c \end{pmatrix}$$

이것은 기본함수, MatrixPower 를 이용하면 간단하다.

$$\mathbf{MatrixPower}\left[\begin{pmatrix} \boldsymbol{a} & \boldsymbol{b} \\ \boldsymbol{c} & \boldsymbol{d} \end{pmatrix}, \mathbf{2}\right]$$

위의 행렬의 곱셈에서 행렬 사이의 점을 빼면 원소끼리의 곱이 된다.

$$\begin{pmatrix} \mathbf{a} & \mathbf{b} \\ \mathbf{c} & \mathbf{d} \end{pmatrix} \begin{pmatrix} \boldsymbol{a} & \boldsymbol{b} \\ \boldsymbol{c} & \boldsymbol{d} \end{pmatrix}$$

$$\begin{pmatrix} a^2 & b^2 \\ c^2 & d^2 \end{pmatrix}$$

그리고, 다음은 일반적으로 자주 나오는 특별한 모양의 행렬을 만드는 방법이다.

```
UpperDiagonalMatrix[#1 #2 &, 3]
```

$$\begin{pmatrix} 1 & 2 & 3 \\ 0 & 4 & 6 \\ 0 & 0 & 9 \end{pmatrix}$$

```
LowerDiagonalMatrix[#1 #2 &, 3]
```

$$\begin{pmatrix} 1 & 0 & 0 \\ 2 & 4 & 0 \\ 3 & 6 & 9 \end{pmatrix}$$

조금 더 복잡한 형태의 행렬을 만드는 방법으로 아래와 같이 대각 원소를 중심으로 아래, 위 각각 한 줄씩 더 있는 행렬, 즉, 삼중대각행렬(tridiagonal)을 만드는 방법을 생각하여 보자.

우선 삼중대각행렬의 원소를 정한다.

```
{a, b, c} = {{1, 4, 3}, {4, 2, 2, 4}, {3, 2, 1}};
```

다음 기본함수, Switch 를 이용하여 대각 원소를 정해준다.

```
m = Table[Switch[j - i, -1,
                a[[j]], 0,
                b[[j]], 1,
                c[[j - 1]], _, 0], {i, 4},
        {j, 4}]
```

$$\begin{pmatrix} 4 & 3 & 0 & 0 \\ 1 & 2 & 2 & 0 \\ 0 & 4 & 2 & 1 \\ 0 & 0 & 3 & 4 \end{pmatrix}$$

이제 행렬의 특정 부분만을 선택적으로 골라내는 방법을 생각하여 보자.

```
A = Array[a, {3, 4}]
```

$$\begin{pmatrix} a(1,1) & a(1,2) & a(1,3) & a(1,4) \\ a(2,1) & a(2,2) & a(2,3) & a(2,4) \\ a(3,1) & a(3,2) & a(3,3) & a(3,4) \end{pmatrix}$$

기본함수, Take 를 이용하여 행렬의 마지막 두 개의 행을 잡아낸다. 마지막에서 두 개를 고르는 것은 -2 에 해당한다.

```
Take[A, -2]
```

$$\begin{pmatrix} a(2,1) & a(2,2) & a(2,3) & a(2,4) \\ a(3,1) & a(3,2) & a(3,3) & a(3,4) \end{pmatrix}$$

함수, Take 와 옵션, All 을 사용하여 행렬의 2 열에서 4 열까지 골라낸다.

```
Take[A, All, {2, 4}]
```

$$\begin{pmatrix} a(1,2) & a(1,3) & a(1,4) \\ a(2,2) & a(2,3) & a(2,4) \\ a(3,2) & a(3,3) & a(3,4) \end{pmatrix}$$

행렬 A 에서 위치 {2, 3} 에서 {3, 4}까지의 원소를 잡아 새로운 행렬을 만들고자 하면 선형대수 패키지 함수, TakeMatrix 를 이용하면 된다.

```
<< LinearAlgebra`
```

```
TakeMatrix[A, {2, 3}, {3, 4}]
```

$$\begin{pmatrix} a(2,3) & a(2,4) \\ a(3,3) & a(3,4) \end{pmatrix}$$

이와 같은 결과는 패키지 함수, SubMatrix 를 이용하여 위와 동일한 결과를 얻을 수 있다.

```
SubMatrix[A, {2, 3}, {2, 2}]
```

$$\begin{pmatrix} a(2,3) & a(2,4) \\ a(3,3) & a(3,4) \end{pmatrix}$$

패키지 함수, AppendColumns 를 이용하여 두 개의 2×2 행렬을 열끼리 서로 붙여 4×4 행렬을 만든다.

```
A = {{a11, a12}, {a21, a22}}
```

$$\begin{pmatrix} \mathrm{a11} & \mathrm{a12} \\ \mathrm{a21} & \mathrm{a22} \end{pmatrix}$$

```
B = {{b11, b12}, {b21, b22}}
```

$$\begin{pmatrix} \mathrm{b11} & \mathrm{b12} \\ \mathrm{b21} & \mathrm{b22} \end{pmatrix}$$

```
AppendColumns[A, B]
```

$$\begin{pmatrix} \mathrm{a11} & \mathrm{a12} \\ \mathrm{a21} & \mathrm{a22} \\ \mathrm{b11} & \mathrm{b12} \\ \mathrm{b21} & \mathrm{b22} \end{pmatrix}$$

패키지 함수, AppendRows 를 이용하여 행렬의 행을 서로 합쳐 새로운 모양의 행렬을 만든다.

```
AppendRows[A, B]
```

$$\begin{pmatrix} a11 & a12 & b11 & b12 \\ a21 & a22 & b21 & b22 \end{pmatrix}$$

여러 개의 행렬을 블록으로 하여 하나의 행렬로 합치는 방법도 있다.

```
BlockMatrix[{{A, B}, {B, A}}]
```

$$\begin{pmatrix} a11 & a12 & b11 & b12 \\ a21 & a22 & b21 & b22 \\ b11 & b12 & a11 & a12 \\ b21 & b22 & a21 & a22 \end{pmatrix}$$

다음의 문제는 Latin squares 에 나오는 것으로 두 개의 행렬,

$\begin{pmatrix} \alpha & \beta \\ \gamma & \delta \end{pmatrix}$과 $\begin{pmatrix} a & b & c \\ d & e & f \\ g & h & i \end{pmatrix}$의 카테지언 곱(Cartesian product)을 구하는 경우이다.

우선 기본함수, Outer 를 사용하여 카테지언 곱을 구한다.

$$\mathbf{mols = Outer\left[List,\ \begin{pmatrix} \alpha & \beta \\ \gamma & \delta \end{pmatrix},\ \begin{pmatrix} a & b & c \\ d & e & f \\ g & h & i \end{pmatrix}\right]}$$

$$\begin{pmatrix} \begin{pmatrix} \{\alpha, a\} & \{\alpha, b\} & \{\alpha, c\} \\ \{\alpha, d\} & \{\alpha, e\} & \{\alpha, f\} \\ \{\alpha, g\} & \{\alpha, h\} & \{\alpha, i\} \end{pmatrix} & \begin{pmatrix} \{\beta, a\} & \{\beta, b\} & \{\beta, c\} \\ \{\beta, d\} & \{\beta, e\} & \{\beta, f\} \\ \{\beta, g\} & \{\beta, h\} & \{\beta, i\} \end{pmatrix} \\ \begin{pmatrix} \{\gamma, a\} & \{\gamma, b\} & \{\gamma, c\} \\ \{\gamma, d\} & \{\gamma, e\} & \{\gamma, f\} \\ \{\gamma, g\} & \{\gamma, h\} & \{\gamma, i\} \end{pmatrix} & \begin{pmatrix} \{\delta, a\} & \{\delta, b\} & \{\delta, c\} \\ \{\delta, d\} & \{\delta, e\} & \{\delta, f\} \\ \{\delta, g\} & \{\delta, h\} & \{\delta, i\} \end{pmatrix} \end{pmatrix}$$

위의 모양 만으로 볼 때, BlockMatrix 로 위의 결과를 하나의 행렬로 합칠 수 있을 것 같으나, 실제로 각각의 원소가 행렬이 아니고 리스트여서 생각대로 실행되지 않는다. 이 경우는 통계 패키지를 사용하여 해결한다.

```
<< Statistics`
ColumnJoin @@ (RowJoin @@ #1 &) /@ mols
```

$$\begin{pmatrix} \{\alpha, a\} & \{\alpha, b\} & \{\alpha, c\} & \{\beta, a\} & \{\beta, b\} & \{\beta, c\} \\ \{\alpha, d\} & \{\alpha, e\} & \{\alpha, f\} & \{\beta, d\} & \{\beta, e\} & \{\beta, f\} \\ \{\alpha, g\} & \{\alpha, h\} & \{\alpha, i\} & \{\beta, g\} & \{\beta, h\} & \{\beta, i\} \\ \{\gamma, a\} & \{\gamma, b\} & \{\gamma, c\} & \{\delta, a\} & \{\delta, b\} & \{\delta, c\} \\ \{\gamma, d\} & \{\gamma, e\} & \{\gamma, f\} & \{\delta, d\} & \{\delta, e\} & \{\delta, f\} \\ \{\gamma, g\} & \{\gamma, h\} & \{\gamma, i\} & \{\delta, g\} & \{\delta, h\} & \{\delta, i\} \end{pmatrix}$$

# 2 장

# 수치적 오차

흔히 쓰는 표현으로 '컴퓨터와 같이 정확한 …' 와 같은 말에서처럼 '컴퓨터'라는 단어는 정확도를 강조하는 수사어로 사용된다. 그러나, 이러한 상식과 달리 실제로 컴퓨터는 많은 사람들이 생각하는 것만큼 정확하지 못하다.

간단한 예로 소수점 0.1 조차 정확히 표현하지 못하며, 이러한 문제로 인하여 수치적 연산은 필연적으로 오류를 가질 수 밖에 없다. 이러한 컴퓨터의 정확도에 대한 일반적인 잘못된 인식과 막연한 신뢰감은 일반인 뿐 아니라, 컴퓨터를 직업적으로 다루는 사람들에게도 마찬가지라는 데에 이 문제의 중요성이 있다.

이와 같이 수치적 오류에 대한 근본적인 이해와 이것을 피하고 최소화시키는 방법, 그리고, 알고리즘에 대한 연구는 수치해석 분야의 바탕을 이룬다고 할 수 있다. 이 장에서는 컴퓨터에 의한 계산이 어떠한 과정을 거쳐 계산적 오류가 발생하게 되는지, 그리고, 그러한 오류를 어떻게 피해가는지를 구체적인 문제 해결 상황을 가지고 알아 보기로 한다.

본론으로 들어가기 전에 한가지 강조하고자 하는 사실로, 이 장에서 제기하는 컴퓨터의 문제는 매스매티카 뿐 아니라 실제로 다른 어떤 컴퓨터 프로그램에도 해당되는 것으로 여기서 다루는 주제는 수치적 에러의 문제를 매스매티카로 실험하여 보는 것이라 생각할 수 있겠다.
자연스럽게 문제를 부각시키기 위하여 컴퓨터에 관한 다음의 초보적인 문제를 생각하여 보기로 하자.

Q1. 매스캐티카에서 1 에서 0.1 씩 빼기를 열 번하면 0 이 나올까? 혹은, 이와 유사한 질문으로 1 에 0.0001 을 1000 번 더하면 1.1 이 될까?

Q2. 덧셈에서 숫자의 순서를 바꾸어도 결과는 같을까? 예를 들어, 아래의 등식은 성립하는가?

$$4040.5 - 2.75938 \times 10^6 - 31.6429 + 2.75604 \times 10^6 + 0.0000557053$$
$$= 0.000055705 + 2.75604 \times 10^6 - 31.6429 - 2.75938 \times 10^6 + 4040.5$$

Q3. 서로 다른 모양의 세 개의 수식 $x^3 + 3x^2 - 3x - 1$, $x((x-3)x+3)-1$, $(x-1)^3$ 의 그래프를 컴퓨터로 그리면 같은 모양의 그림이 나올까?

Q4. 세 개의 서로 다른 데이터 x, y, z 의 분산이 0 이 될 수 있을까?

Q5. 서로 다른 모양의 수식, $\dfrac{x}{1+x}$, $\dfrac{1}{1+\dfrac{1}{x}}$ 은 계산적으로 서로 다른 값을 가질 수 있을까?

이러한 문제는 일견 당연한 사실처럼 보이며, 또, 실제로 첫 번째 질문의 경우 휴대용 계산기를 이용하여 계산하면 결과 또한 '예'의 답이 나온다. 그러나, 흥미로운 것은 휴대용 계산기보다 훨씬 정확하다는 컴퓨터로 위의 계산을 실행할 때 답은 모두 '아니오'가 된다.

문제의 답이 상식 밖으로 어떻게 '아니오'가 되는지 그 이유를 명확히 이해하는 것은 수치해석의 중요한 과제이다.

실제로 미사일이 엉뚱한 목표를 맞추고 우주 실험이 실패하고 하는 일들이 경우에 따라서는 위에 제시된 문제와 관련될 수 있다고 생각하면 이 문제의 중요성과 의미를 쉽게 이해할 수 있을 것이다.

이러한 수치적 에러의 근본적인 이유는 수학적으로 십진법에서 이진법으로 정확하게 바꾸어 표현할 수 없다는 데에서 기인한 것이라 할 수 있지만 문제는 그렇게 단순하지 만은 않다.

이제 이와 같은 문제를 추적하며 컴퓨터가 수를 어떻게 표현하고 계산하는지를 살펴보고, 나아가 이러한 이해를 바탕으로 어떻게 수치적 오차를 피하여 볼 것인가를 생각하여 보자. 우선 다음과 같이 단순한 실험을 통하여 서두에서 제기한 문제를 확인하여 보기로 하자.

## 이진법으로의 변환

Q1. 1 에서 0.1 씩 빼기를 10 번 반복하면 0 이 나올까?

1 에서 0.1 을 빼면 당연히 0.9 가 나온다. 매스매티카에서 퍼센트 기호, %는 바로 전 계산의 결과를 지칭하는 것이므로 % - 0.1 을 반복해주면 (혹은 1 - 0.1 - 0.1 - 0.1 - 0.1 - 0.1 - 0.1 - 0.1 - 0.1 - 0.1 - 0.1 을 계산하면) 0 이 당연히 나올 것이라 예상한다. 그러나, 놀랍게도 결과는 0 이 아닌 $1.38778\times10^{-16}$ 으로 나온다. 이제 이와 같이 상식 밖의 상황이 나오게 되는 과정을 추적해보기로 하자.

기본함수, NestList 를 이용하여 이와 같이 반복적으로 뺄셈을 할 수 있다. 기본함수, NestWhileList 는 조건을 붙일 수 있어 양수일 때만 계산하도록 다로 iteration 의 횟수를 미리 정하지 않아도 되는 이점이 있다.

```
NestList[#-0.1&, 1, 11]
 {1, 0.9, 0.8, 0.7, 0.6, 0.5, 0.4, 0.3, 0.2, 0.1, 1.38778 ×10^-16, -0.1}
NestWhileList[#-0.1&, 1, Positive[#]&]
 {1, 0.9, 0.8, 0.7, 0.6, 0.5, 0.4, 0.3, 0.2, 0.1, 1.38778 ×10^-16, -0.1}
```

역시 마찬가지 이유로 자연수 1 에서 0.9 를 빼서 또 0.1 을 빼면 0 이 나오지 않고 $-2.77556\times10^{-17}$ 이 나온다.

이제 이러한 현상을 추적하기위해 $n$ 진법의 수를 십진법으로 바꾸는 함수를 아래와 같이 간단히 정의할 수 있다.

```
convert[int_List, frac_List, base_Integer] :=
Sum[int[[-i]]*base^(i - 1), {i, 1, Length[int]}] + Sum[frac[[i]]/base^i, {i, 1, Length[frac]}]
```

이것을 이용하여 이진법으로 정수 부분은 0 이고 소수점 부분은 1 이 24 개 반복되는 수의 십진법으로의 전환은 다음과 같이 얻을 수 있다.

```
dgt = Table[1, {24}]
 {1,1,1,1,1,1,1,1,1,1,1,1,1,1,1,1,1,1,1,1,1,1,1,1}

convert[{}, dgt, 2]
 16777215/16777216
```

이것을 16 자리의 정확도로 보면

```
SetPrecision[N[%],16]
 0.9999999403953552
```

기본함수를 이용하여 십진법의 수, 0.111111111111111111111111 을 이진법으로 바꾸는 계산은 2^^0.111111111111111111111111 과 같이 하여 구할 수 있다. 하지만, 이러한 방법은 단위가 많은 숫자를 처리하기에는 부자연스러운 단점이 있다. 이러한 불편은 몇 줄의 매스매티카 명령으로 해결할 수 있다.

1. 우선 입력을 스트링으로 만들어 낸 다음
2. 기본함수, ToExpression 을 사용하여 스트링을 입력으로 바꾸어 원하는 연산을 만들어 낼 수 있다.

우선 변수, dgt 의 숫자를 스트링으로 바꾸기 위하여 기본함수, ToString 을 Map 시킨다. 그리고, 이렇게 얻어진 스트링을 모두 합쳐서 하나의 스트링, 즉, 2^^0.111111111111111111111111 을 얻는다. 그리고, 이렇게 얻어진 단순한 스트링을 ToExpression 함수를 사용하여 명령어로 바꾸면 마치 사용자가 입력한 것과 같은 계산이 된다.

스트링 2^^0.111111111111111111111111 을 만들기 위하여 2^^0.에다 24 개의 1 을 연결하여 붙이려면 기본함수, StringJoin 을 사용한다.

```
str = "2^^0."<>ToString /@ dgt
  2^^0.111111111111111111111111

SetPrecision[ToExpression[str], 16]
  0.9999999403953552
```

## 연산의 순서에 따른 수치적 에러

Q2. 덧셈에서 숫자의 순서를 바꾸어도 결과는 같을까?

앞에서 설명한 바와 같이 1 에서 0.1 씩 뺄셈을 해 나가면 당연히 0 이 나와야 하나 그렇지 않았다. 이와 같이 상식 밖의 결과를 얻는 다른 예를 들어보기로 하자.

이번에는 수의 덧셈의 결과가 순서에 따라 다른 결과를 주어 이것 역시 금방 이해하기가 쉽지 않다. 우선 그러한 현상을 실험으로 확인하기로 하자.

다음 두 개의 벡터의 원소끼리의 곱을 한다.

```
α = {2.718281828, -3.141492654, 1.414213562, 0.5772156649, 0.3010299957};
β = {1486.2497, 878366.9879, -22.37492, 4774714.647, 0.000185049};
```

이들 원소끼리 서로 곱하면 다음의 결과를 얻는다.

```
prod = α β
  {4040.05 , -2.75938 ×10^6, -31.6429 , 2.75604 ×10^6, 0.0000557053 }
```

이렇게 얻어진 결과를 한번은 왼쪽에서 오른쪽으로 더해 나가고, 또 한번은 오른쪽에서 왼쪽으로 더하여 보기로 하자.

우선 왼쪽에서 오른쪽으로 더하여 나간다.

```
SetPrecision[Fold [Plus, 0, prod],16]
```

```
665.0523636900914
```

이번에는 반대로 오른쪽에서 왼쪽으로 더하여 나간다.

```
SetPrecision[Fold[Plus, 0, Reverse[prod]], 16]
665.0523636898324
```

위의 두 계산의 결과는 미리 밝힌 바와 같이 순서에 따라 값이 달라진다. 우선 이러한 컴퓨터의 문제를 해결하는 방법으로 크기에 따라 주어진 수를 정렬하는 방법이 있다. 더하여 나가는 순서에 따라 값이 달라진다는 것을 확인하기 위하여 주어진 수를 크기에 따라 정렬하면 오름차순, 내림차순의 관계없이 값은 같다.

이와 같이 순서에 따라 다른 결과가 나오는 것은 분명히 잘못된 것으로, 이것을 쉽게 설명하면 작은 수가 상대적으로 훨씬 더 큰 수에 흡수되어 무시되는 이유에서이다.

이러한 문제를 피하는 방법은 작은 수를 계속 더해나가 충분히 큰 수를 만들어낸 다음에 더해가면 되므로 주어진 수를 오름차순으로 정렬하여 나가는 것이 수치적 에러를 최소화시키는 방법이 될 것 이다.

```
SetPrecision[Fold[Plus, 0, Sort[prod]], 16]
665.0523636899889

SetPrecision[Fold[Plus, 0, Sort[prod, #1>#2&]], 16]
665.0523636899889
```

물론 매스매티카의 기본함수인 Dot product를 이용하여 계산하면 내부적 알고리즘으로 처리하므로 순서와 관계없이 동일한 값이 나온다.

```
SetPrecision[α . β, 16]
665.0523636900898
```

## 그래프와 수치적 에러

Q3. 서로 다른 모양의 세 개의 수식, $x^3+3x^2-3x-1$, $x((x-3)x+3)-1$, $(x-1)^3$ 의 그래프를 컴퓨터로 그리면 같은 그림이 나올까?

앞에서 본 흥미로운 예에 이어서 다른 예를 만들어 보기로 하자. 보통 수식을 인수분해 한다든지, 호제법으로 간단하게 정리 한다든지 하는 것은 주어진 수식을 대수적으로 전개하면 결국 같은 수식이 되는 것으로 너무도 당연하다. 그러나, 컴퓨터를 이용하여 수식의 값을 구한다는 문제에 있어서는 이들은 모두 다른 결과를 줄 수 있다.

예를 들어, 수식, $x^3+3x^2-3x-1$, $x((x-3)x+3)-1$, $(x-1)^3$ 은 대수적으로 전개하였을 때 동일한 수식이 된다. 그러나, 이들 수식에 특정한 값을 대입하여 수식의 값을 구할 때 결과는 경우에 따라 매우 다르게 나올 수 있다는 것이다. 다음은 매스매티카를 이용하여 이와 같이 수치적 오차에 따라 대수적으로 동일한 수식이 수치적으로는 다르게 나타날 수 있다는 것을 시각적으로 나타내 준다.

우선, 첫 번째 수식, $x^3+3x^2-3x-1$은 다른 두 수식과 비교하여 연산의 수가 많다. 그리고, 덧셈과 뺄셈의 연산을 많이 포함하므로 수치적 오차가 생길 위험이 가장 크다고 말할 수 있다. 기본함수, Plot 은 주어진 구간에서의 수를 대입하여 함수값을 점으로 그려 나타낸 것이므로 수치적 오차만큼 이론적인 값에서 멀어지게 될 것이다.

이제 주어진 다항식을 함수로 하여 작은 구간, (0.99998, 1.00002) 에서 그래프를 그려 보기로 하자.

```
Plot[x^3 - 3 x^2 + 3 x - 1, {x, 0.99998, 1.00002}];
```

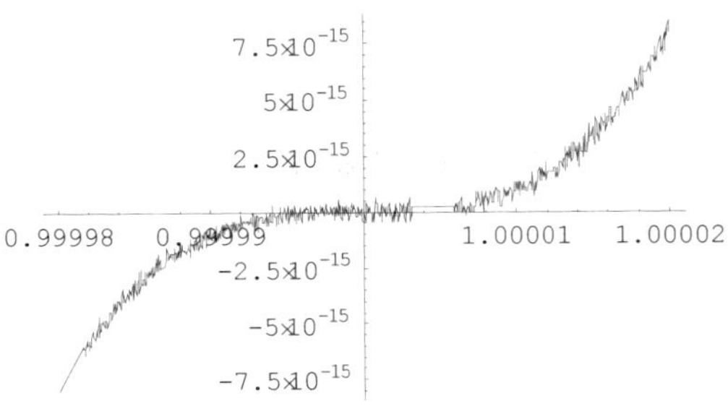

벌써부터 수치적 에러는 매끄럽지 못한 모양의 그래프로 나타내지는 것을 알 수 있다. 이제 호너(Horner)의 방법을 이용하여 $x^3+3x^2-3x-1$ 을 $x((x-3)x+3)-1$ 로 바꾸어 표현하면, 대수 연산(operation)의 수도 줄이고 비슷한 크기의 수끼리의 뺄셈도 줄여주므로 $x^3+3x^2-3x-1$보다 수치적으로 훨씬 나은 결과, 다시 말해 더욱 매끄러운 그래프가 나올 것으로 기대한다.

```
<<Algebra`Horner`
parenthesized = Horner[x^3 - 3 x^2 + 3 x - 1];
Plot[parenthesized, {x, 0.99998, 1.00002}];
```

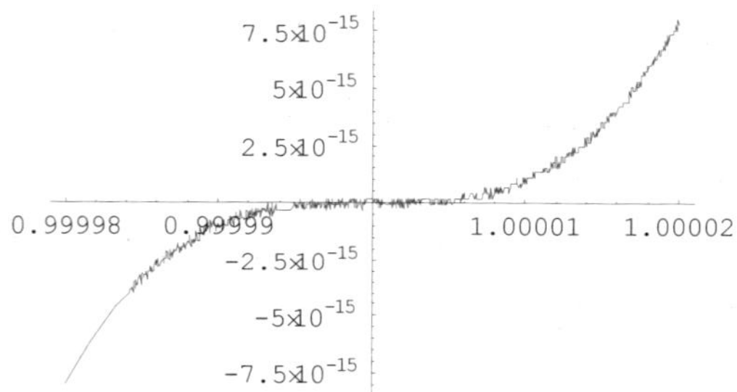


역시 기대한 대로 전에 얻은 그래프보다 훨씬 매끄러운 결과를 얻었으나, 역시 에러는 시각적으로 확연한 것을 알 수 있다. 마지막으로 이제 다항식, $x^3+3x^2-3x-1$ 을 인수분해하여 $(x-1)^3$ 의 식으로 바꾸어 표현하면, 다른 두 식과 비교하여 수치적 오차를 가장 많이 줄일 수 있어 위의 그래프에서 보아왔던 거친 선이 순식간에 매끄러워짐을 알 수 있다.

이와 같은 변화는 수식, $(x-1)^3$ 이 다른 두 형태의 수식보다 수치적 오차 면에서 낫다는 것을 뜻하는 것으로 컴퓨터에서의 계산은 가능한 인수분해 등을 이용하여 간략하게 표현해야 한다는 중요한 메시지가 있다.

```
Plot[(x - 1)^3, {x, 0.99998, 1.00002}, PlotRange → All];
```

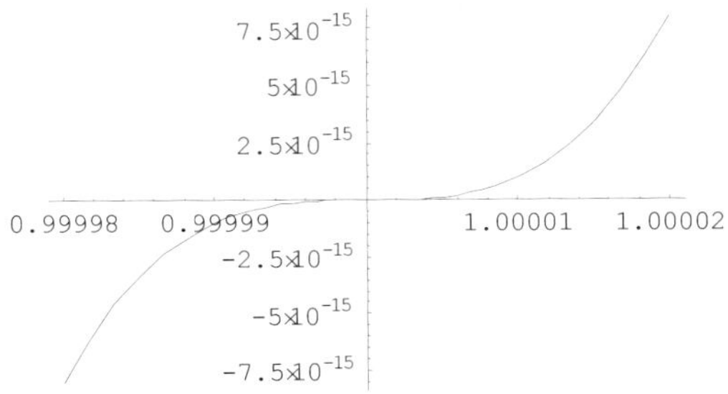


위의 현상은 금방 눈으로 확인할 수 있으나 필요에 따라 주어진 수식 사이에 수치적인 우열을 판별해야 하는 상황이 충분히 있을 수 있다. 다음은 이러한 상황에서 유용한 매스매티카 패키지의 사용에 대하여 간략하게 소개하도록 하겠다.

이제 NumericalMath 패키지의 MicroscopicError 함수를 사용하여 의의 수식의 수치적인 에러의 범위를 시각적으로 측정, 비교할 수 있으며, 위의 경우 첫 번째 다항식은 다른 수식과 비교하여 에러의 범위가 매우 크다는 것을 알 수 있다. 여기서 에러의 크기는 y 축의 높이로 알 수 있고, 그것의 단위는 Ulp(unit in the last place)로 측정한다. 여기서 Ulp 는 에러의 크기를 측정하는 단위 정도로 알아 두기로 하자.

```
MicroscopicError[x^3 - 3 x^2 + 3 x - 1, {x, 0.999}];
```

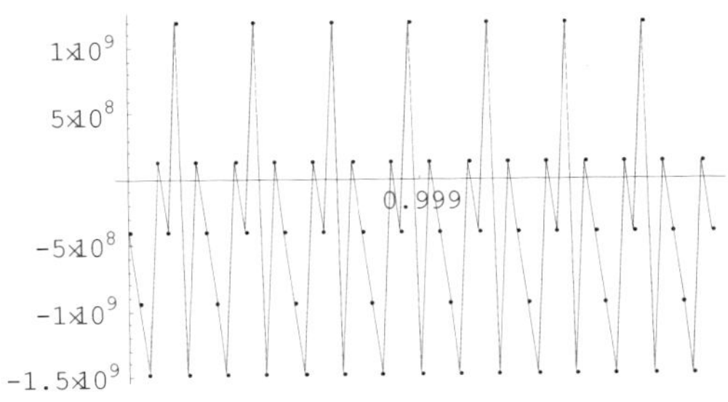


호제법으로 수식을 간략하게 만든 경우 에러의 양의 범위가 위의 식과 비교하여 현저히 준 것을 알 수 있다.

```
MicroscopicError[x ((x - 3) x + 3) - 1, {x, .999}];
```

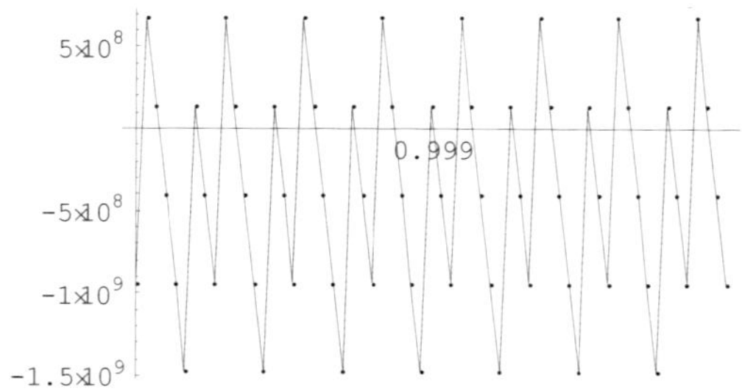


인수분해의 결과는 그림으로 확인할 수 있듯이 에러의 범위는 $10^9$ Ulp 대에서 0.45Ulp 정도로 급격히 준 것을 알 수 있다.

```
MicroscopicError[(x - 1)^3, {x, .999}];
```

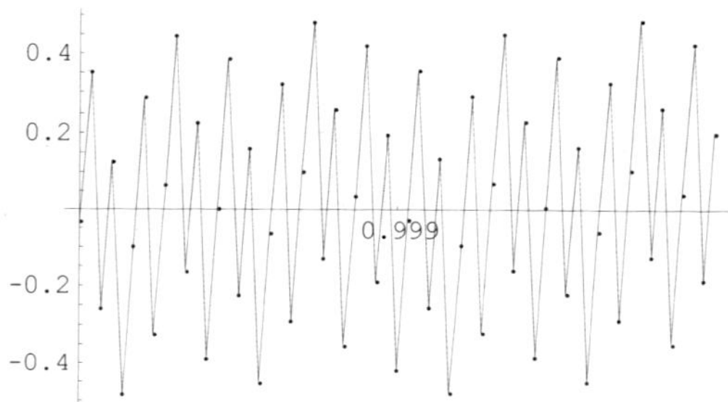


## 수치적 에러의 시뮬레이션

Q4. 세 개의 서로 다른 데이터 x, y, z 의 분산(variance)은 0 이 될 수 있을까?

주어진 데이터의 분산이 0 이라는 말은 정의에 의해 데이터가 동일하다는 뜻으로 해석할 수 있다. 그리고, 분산의 값은 음수값을 가질 수 없다. 그러나, 컴퓨터의 수치적 계산에 관해서는 때에 따라 분산이 0 뿐만 아니라 음수가 나올 수도 있다. 이러한 황당한 경우는 역시 수치적 에러에서 나올 수 있는 상황으로 예를 들어 보기로 하자.

뺄셈에서의 수치적 오차를 보여주는 전형적인 예의 하나로 분산의 계산을 들 수 있다. 분산의 추정치는 다음의 두 가지로 계산할 수 있다.

$$\frac{1}{n}\sum_{i=1}^{n}(y_i-\bar{y})^2=\frac{1}{n}(\sum_{i=1}^{n}{y_i}^2-n\bar{y}^2)\ ,\ \bar{y}=\frac{1}{n}\sum_{i=1}^{n}y_i$$

물론, 위의 두 식은 대수적으로 동일하며 오히려 후자가 계산기를 이용할 때 편리하여 교과서 등에 실제로 많이 소개되어 있는 식이기도 하다. 그러나, 컴퓨터로 계산할 때 둘 중 어느 것이 더 나은가는 어느 식이 더 작은 수치적 오차를 가지는가로 판가름할 수 있을 것이다. 앞에서 경험한 바로는 일견 후자는 가까운 수끼리의 뺄셈을 포함하므로 수치적 오차를 크게 가질 것으로 보인다. 이제 이것을 매스매티카를 가지고 직접 확인하여 보기로 하자.

다음 두 식은 세 개의 데이터의 분산의 추정치를 위의 두 가지 공식을 이용하여 계산한 것이다.

```
avg = 1/3 (a + b + c);
var1 = a^2 + b^2 + c^2 - 3 avg^2;
var2 = (a - avg)^2 + (b - avg)^2 + (c - avg)^2;
```

위의 두 식은 물론 같은 식임을 확인할 수 있다.

```
Expand[var1] == Expand[var2]
 True
```

이제 유효숫자를 매스매티카의 내부적인 구조를 인위적으로 조작하여 일곱 자리로만 계산하여 위의 식에 구체적인 값을 대입하여 결과를 계산하여 보기로 하자.

```
SetArithmetic[7, MixedMode->True]
 {7, 10, RoundingRule- > RoundToEven, ExponentRange -> {-50, 50}, MixedMode -> True, IdealDivide-
 > False}
```

구체적으로 데이터 {x, y, z}가 각각 {10000, 10005, 10010}일 때 위에서 정한대로 이들 간의 연산은 유효숫자 일곱 자리까지만 계산한다.

```
{a, b, c} = ComputerNumber/@{10000, 10005, 10010}
 {10000.00000000000000, 10005.00000000000000, 10010.00000000000000}
```

서로 다른 세 개의 데이터의 분산이 0 으로 나왔다. 이것은 명백히 잘못되어 있음을 알 수 있다. 이것은 공식, $\frac{1}{n}(\sum_{i=1}^{n} y_i{}^2 - n\bar{y}^2)$ 을 이용한 것으로 가까운 수끼리의 뺄셈으로 인하여 수치적 오차를 포함한 결과를 준다.

$$a^2 + b^2 + c^2 - \frac{1}{3}\ (a + b + c)^2$$

0

위의 식과 동일한 식에 동일한 값을 대입하여도 다른 답이 나온다.

$$a^2 + b^2 + c^2 - 3\left(\frac{1}{3}\ (a + b + c)\right)^2$$

100.0000000000000000

이번에도 역시 다른 답이 나온다.

$$\left(a - \frac{1}{3}\ (a + b + c)\right)^2 + \left(b - \frac{1}{3}\ (a + b + c)\right)^2 + \left(c - \frac{1}{3}\ (a + b + c)\right)^2$$

50.0000000000000000

물론 이것은 유효숫자가 작은 경우에 나타나는 것으로 일반적인 32 비트 컴퓨터에서는 가능한 현상은 아니다. 하지만 위의 예에서 다시 한 번 확인하는 중요한 교훈은 가까운 수끼리의 뺄셈은 되도록 피하는 것이 좋으므로, 분산을 계산하는 식으로는 일반적인 통계 교재에 나와있는 수식, $\frac{1}{n}(\sum_{i=1}^{n} y_i{}^2 - n\bar{y}^2)$ 보다 분산의 정의인 $\frac{1}{n}\sum_{i=1}^{n}(y_i - \bar{y})^2$ 을 사용하는 것이 수치적 오차의 측면에서 더 좋은 수식이라 말할 수 있다.

## 에러 구간

Q5. 서로 다른 모양의 두 수식, $\frac{x}{1+x}$, $\frac{1}{1+\frac{1}{x}}$ 은 계산상 서로 다른 값을 가질 수 있을까?

위에서는 구체적인 에러를 값의 크기로 비교하였으나, 여기서는 주어진 수식이 포함할 수 있는 에러의 범위를 계산하는 방법을 논하기로 하자.

위에서와 같이 두 개의 수식, $\frac{x}{1+x}$, $\frac{1}{1+\frac{1}{x}}$ 은 서로 대수적으로 동일하나 수치적으로는 서로 다르다 할 수 있다. 그러면, 둘 중 어느 것이 더 수치적으로 바람직한 수식인가의 문제에는 금방 답이 떠오르지 않는다. 이때, 기본함수, **Interval** 을 사용하여 그러한 문제를 해결하는 방법이 있다.

우선 이 식을 입력하는 데에 문제가 있다. 수식, $\frac{1}{1+\frac{1}{x}}$ 을 입력하면 매스매티카는 자동으로 주어진 수식을 $\frac{x}{1+x}$ 로 바꾸어 서로를 비교할 수 없다. 이러한 경우에는, 매스매티카 함수, **Hold** 를 수식 앞에 붙여두어야 수식 그 자체로 값이 계산되는 것을 보장한다.

구간 {1, 2}를 위의 두 수식에 대입하여 보자.

```
f[Interval[{1, 2}]]
```

$\text{Interval}\left[\left\{\frac{1}{3}, 1\right\}\right]$

```
ReleaseHold[g[Interval[{1, 2}]]]
```

$\text{Interval}\left[\left\{\frac{1}{2}, \frac{2}{3}\right\}\right]$

구간 {1, 2}를 대입한 결과는 위의 두 수식 사이에서 매우 큰 차이를 보이고 있다. 수식, $\frac{1}{1+\frac{1}{x}}$ 의 형태가 더 작은 구간의 값을 주므로, 에러 마진이 구간으로 주어졌을 때 더 나은 모양의 수식이라 말할 수 있다. 이것을 프로그램적으로 판별하는 방법으로, 위의 결과의 합집합의 결과가 첫째 구간이므로 첫째 구간이 둘째 구간에 포함되어 주어진 수식 사이에서 수치적 우열을 판별할 수 있다.

```
IntervalUnion[%,%%]
```

$\text{Interval}\left[\left\{\frac{1}{3}, 1\right\}\right]$

## 모의 컴퓨터

위에서 설명한 수치적 오차의 현상을 기계적으로 이해하기 위하여 우선 컴퓨터 내부적으로 수를 어떻게 표현하는가를 알아보자. 우선 $\pm(b_1 b_2 b_3)_2 \times 2^e$ , $b_i = \{0,1\}$ , $-2 \le e \le 1$ 로 표현되는 수의 체계를 가진 모의 컴퓨터가 가지는 모든 수를 만들어 이것을 눈금자와 같은 일직선 상에 시각적으로 표현하면 실제 컴퓨터 내부의 수를 표현하는 구조를 나타내므로 쉽게 이해할 수 있다.

컴퓨터 내의 수의 체계는 연속적이지 않고 이산적이라는 것은 쉽게 이해할 수 있지만, 이것이 자의 눈금과 같이 균등한 구간으로 흔히 생각할 수 있다. 그러나, 다음의 매스매티카 실험에서 확인할 수 있듯이 실제로 수 0 의 주변은 조밀하고 수가 커지면서 기계가 표시할 수 있는 수, 즉, 기계수의 눈금은 상대적으로 커진다.

이진법의 수, $(b_1 b_2 b_3)_2$ 는 십진법으로 매스매티카를 이용하여 $2\text{^^}(b_1 b_2 b_3)_2$ 로 계산되므로, $\pm(b_1 b_2 b_3)_2 \times 2^e$ , $b_i = \{0,1\}$ , $-2 \le e \le 1$ 로 표현되는 수는 $\pm 2\text{^^}(b_1 b_2 b_3)_2\ 2\text{^}e$ 의 모양으로 입력하면 된다는 것에 착안하여 이것을 우선

1. StringJoin 을 이용하여 스트링으로 만든 다음
2. 기본함수, ToExpression 을 이용하여 스트링을 실제 계산으로 바꾸어 키보드 입력의 효과를 연출한다.

```
Floatnums = Distribute[{{"-2^^", "2^^"}, {"0", "1"}, {"0", "1"}, {"0", "1"}, {" 2^"}, {"-2", "-
1", "0", "1"}}, List, List, List, StringJoin[##]&]
```

마치 키보드로 입력한 모양인 스트링을 매스매티카 기본함수, ToExpression 을 이용하여 실제 계산으로 바꾼다.

```
Sort@ToExpression[floatnums]
```

위의 값을 x 축 위에 점으로 표시하려면 y 값은 모두 0 으로 주고, 각 점의 좌표에 Point 를 헤드에 붙이고 Show[Graphics[Point[x, y]]]하면 된다.

```
pts = Point[{#, 0}]&/@%;
marks = Join[Table[Text[i, {i, 0}, {0, 1}], {i, -3, 3}], {Text[-.5, {-.5, 0}, {0, 1}],
     Text[.5, {.5, 0}, {0, 1}]}];
```

```
toyComputer = Append[pts, marks];
```

위의 모의 컴퓨터의 수를 x 축 위의 점으로 표시하면 우선 기계수끼리의 거리가 일정하지 않음을 알 수 있고, 또, 원점 주위가 비어있음을 알 수 있다. 물론 정수, 0 주위의 수는 표현하는 방법이 있어야 하고, 이것은 기계적이 아닌 논리적으로 처리하며 자세한 내용은 여러 문헌에서 알 수 있다.

```
Show[Graphics[toyComputer], PlotRange -> {All, All}, AspectRatio -> 0.1,
Prolog -> PointSize[0.01]];
```

위의 여러 과정을 함수, displayOnTheLine 을 정의하여 하나로 묶어볼 수 있다.

```
displayOnTheLine[xvals_] := Module[{n = Length[xvals], pts, marks, i, floatScale},
      pts = (Point[{#1, 0}] & ) /@ xvals;
      marks = {Text[xvals[[1]], {xvals[[1]], 0}, {0, 1}], Text[xvals[[-1]], {xvals[[-1]], 0},
      {0, 1}], Text[0, {0, 0}, {0, 1}]};
       floatScale = Append[pts, marks];
      Show[Graphics[floatScale], PlotRange -> All, AspectRatio -> 0.1, Prolog ->
      PointSize[0.3/n]]]
```

모의 컴퓨터의 수 체계는 패키지 함수 ComputerNumber 를 이용하여 표현할 수 있다. 세 자리의 맨티사(mantissa)의 이진법의 연산은 SetArithmetic[3, 2]로 정의한다. 매스매티카 패키지 함수, SetArithmetic 은 주로 실험적인 목적에 사용한다.

만일 SetArithmetic[4, 7]이라 두면, 이후의 모든 수치적 연산은 맨티사가 네자리고 모든 연산은 7 진법의 연산으로 보여준다.

```
SetArithmetic[3, 2]
```

```
{3, 2,RoundingRule->RoundToEven, ExponentRange->{-50, 50}, MixedMode->False, IdealDivide->
False}
```

위의 수 체계에서 모든 양의 수는 다음과 같고, j 는 지수, i 는 맨티사에 해당한다. 여기서 주의하여야 할 것은 i 는 십진법으로 입력하여 놓는다. 아래의 경우 세 자리의 이진법의 수는 $100_2$, $101_2$,$110_2$,$111_2$ 로 이것은 십진법으로 4 에서 7 이다.

```
posNums = Table[Normal[ComputerNumber[1, i, j]], {j, -2, 1}, {i, 4, 7}]
```

$$\left\{\left\{1, \frac{5}{4}, \frac{3}{2}, \frac{7}{4}\right\}, \left\{2, \frac{5}{2}, 3, \frac{7}{2}\right\}, \{4, 5, 6, 7\}, \{8, 10, 12, 14\}\right\}$$

마찬가지 방법으로 위의 수 체계에서 모든 음수는 다음과 같다.

```
negNums = Table[Normal[ComputerNumber[-1, i, j]], {j, -2, 1}, {i, 4, 7}]
Flatten[Union[posNums, negNums]]
```

이제 위의 양수와 음수를 한 곳으로 모아 크기 순으로 정렬한다.

```
machineNums = Sort[N[%]]
```

이것은 String 과 ToExpression 을 사용하여 만든 위의 결과와 동일하다는 것을 알 수 있다.

```
displayOnTheLine[machineNums];
```

## 머신엡실론

앞에서 설명한 모의 컴퓨터의 수 체계를 확장하면 일반적으로 사용되는 컴퓨터의 수 체계가 되며, 이것의 구조 역시 모의 컴퓨터와 마찬가지로 단위간의 간격이 일정하지 않은 자의 모양이다. 이제 이같이 불연속적이며 균일하지 않은 구간의 차이를 두고 존재하는 기계수의 작은 부분을 이해하여 보기로 하자. 이것을 이해하고 설명하는 중요한 단위로는 머신엡실론이 있다.

이것의 정의는 양의 정수 1 을 기계수로 표현했을 때 그 수 바로 다음의 수와의 차이를 의미한다. 이 구간의 크기를 의미하는 머신엡실론은 매스매티카 상수, $MachineEpsilon 으로 정의되어 있으며, 이는 주어진 컴퓨터의 내부적인 문제이므로 컴퓨터의 하드웨어, 그리고, 소프트웨어의 환경에 따라 다를 수 있는 것으로 IBM PC 의 경우 $2.22045\,10^{-16}$ 이다.

일반적으로, 주어진 소수점의 수, *R* 과 그것 바로 다음으로 큰 기계수와의 차이는 대개 R×$MachineEpsilon 이 된다. 주어진 컴퓨터의 머신엡실론을 알아보는 방법과 이것을 이용하여 어떤 수가 주어졌을 때 이 수의 다음에 있는 수를 알아보는 방법을 설명하기로 하자. 우선 몇 가지 계산을 하여 보고 이 결과를 비교하여 중요한 차이점을 이해하기로 하자.

IBM Pentium PC 와 Windows 시스템의 경우 매스매티카에서의 머신엡실론은 다음과 같이 $MachineEpsilon 으로 찾아볼 수 있다.

```
$MachineEpsilon
 2.22045 ×10^-16
```

시스템 변수, $MachineEpsilon 은 하드웨어, 그리고, 소프트웨어에 따라 다르며, 일반적인 컴퓨터의 $MachineEpsilon 에 대한 정보는 다음과 같이 간단한 프로그램을 작성하여 알아볼 수 있다.

```
g = 1;ex = g = g/2;
While[ex>0,
 g = 0.5 g;
 ex = g 0.98+1;
 ex = ex-1; If[ex>0,eps = ex]]; eps
 2.22045 ×10^-16
```

머신엡실론의 mantissa 와 exponent 는 기본함수, MantissaExponent 를 이용하여 구할 수 있다. $MachineEpsilon 의 mantissa 와 exponent 는 각각 2^-1 과 -51 이므로 머신엡실론의 크기는 2^-52 가 되는 것을 알 수 있다.

```
MantissaExponent[$MachineEpsilon, 2]
 {0.5, -51}

MantissaExponent[$MachineEpsilon]
 {0.222045, -15}
```

머신엡실론을 이진법으로 조금 더 자세히 보면 다음과 같다.

```
BaseForm[SetPrecision[$MachineEpsilon, 16], 2]
 1.0000000000000000000000000000000000000000000000000000_2 × 2^-52
```

1+$MachineEpsilon 을 이진법으로 바꾸면 소수점 자리는 0 으로 계속 이어지다가 맨 마지막으로 1 이 나올 것이다.

```
1.+$MachineEpsilon
  1.
```

그러나, 다음과 같이 기계가 주는 Precision 을 모두 표현하면 소수점 이하 52 번째에 1 이 있는 것을 확인할 수 있다.

```
BaseForm[SetPrecision[1.+$MachineEpsilon,16], 2]
```

$1.00000000000000000000000000000000000000000000000000010_2$

이것은 또 다음과 같이 51 개의 0 을 적어 넣고 그 다음 1 을 끼워 넣어 만든 스트링으로 표현하여서도 $MachineEpsilon 을 직접 만들어볼 수 있다.

```
"2^^0."<>ToString/@Append[Table[0, {51}], 1]
  2^^0.0000000000000000000000000000000000000000000000000001
```

위의 스트링을 수식으로 바꾼다.

```
ToExpression[%]
```

$2.22045\times10^{-16}$

여기에서 비교 연산자의 사용에 대한 문제를 생각하여 보기로 하자.
앞에서 본 바와 같이 1+$MachineEpsilon 은 분명히 기계적으로 표현되는 1 과 다른 수이지만, 아래와 같이 비교 연산자를 사용하여 계산하여 보면 1 의 결과가 나온다. 이것은 사실과 다르며 마치 매스매티카의 버그처럼 인식될 수 있다.

그러나, 이와 같은 이상 현상은 매스매티카에 국한된 문제가 아닌 일반적인 컴퓨터 언어의 문제이다. 다시 말하여, 비교 연산자는 속도가 빠른 비교를 할 때 사용하는 것으로 정확성이 요구될 때는 반드시 뺄셈의 결과를 놓고 비교하여야 한다.

숫자 1.0 에 머신엡실론, 즉, $2.22045 10^{-16}$ 을 더하면 1.0 다음의 수가되어 이들 둘을 비교하면 서로 분명히 달라야 하나, 비교 연산자를 사용하여 비교하면 서로 같은 값으로 컴퓨터는 판별한다. 이것은 앞에서 지적한 바와 같이 두 수를 직접적으로 비교 연산자를 사용하여 비교하는 것은 부정확한 방법이 되어 피해야 한다.

```
1+$MachineEpsilon == 1
True
```

여기서 Evaluate 은 실행을 강제하는 매스매티카 기본함수이다.

```
Evaluate[1+$MachineEpsilon]-1 == 0
False
```

물론 1+0.5 $MachineEpsilon 은 기계로 표현되는 수가 아니므로 결과는 다시 1 이 된다.

```
Evaluate[1+0.5 $MachineEpsilon]-1==0
True
```

위에서 사용한 $MachineEpsilon 을 구하는 코드를 조금 수정하면 주어진 수의 컴퓨터 상에서 기계적으로 표현되는 다음 수를 찾을 수 있다.

```
nextnum[x_]:=Module[{g = x}, ex = g = g/2;
        While[ex>0, g = 0.5 g;
        ex = g 0.98+x; ex = ex-x;
        If[ex>0, eps = ex]];
        eps]
```

정수 1 부터 100 까지가 주어질 때, 일정수와 바로 다음의 기계수와의 거리를 $MachineEpsilon 을 단위로 하여 계산하여 보면 다음과 같은 흥미로은 패턴을 발견할 수 있다. 정수, 2, 3 은 각각 다음의 수와의 차이가 2 × $MachineEpsilon 이고, 정수, 4, 5, 6, 7 에서는 4 × $MachineEpsilon 이다.

$$\text{Table}\left[\frac{\text{nextnum[n]}}{\text{\$MachineEpsilon}}, \{n, 1, 100\}\right]$$

{1., 2., 2., 4., 4., 4., 4., 8., 8., 8., 8., 8., 8., 8., 8., 16., 16., 16., 16., 16., 16., 16., 16., 16., 16., 16., 16., 16., 16., 16., 16., 32., 32., 32., 32., 32., 32., 32., 32., 32., 32., 32., 32., 32., 32., 32., 32., 32., 32., 32., 32., 32., 32., 32., 32., 32., 32., 32., 32., 32., 32., 32., 32., 32., 64., 64., 64., 64., 64., 64., 64., 64., 64., 64., 64., 64., 64., 64., 64., 64., 64., 64., 64., 64., 64., 64., 64., 64., 64., 64., 64., 64., 64., 64., 64., 64., 64., 64., 64., 64., 64.}

$$\text{Table}\left[\frac{\text{Ulp[n (1 + \$MachineEpsilon)]}}{\text{\$MachineEpsilon}}, \{n, 1, 100\}\right]$$

{1., 2., 2., 4., 4., 4., 4., 8., 8., 8., 8., 8., 8., 8., 8., 16., 16., 16., 16., 16., 16., 16., 16., 16., 16., 16., 16., 16., 16., 16., 16., 32., 32., 32., 32., 32., 32., 32., 32., 32., 32., 32., 32., 32., 32., 32., 32., 32., 32.,

```
32., 32., 32., 32., 32., 32., 32., 32., 32., 32., 32., 32., 32., 64., 64., 64., 64., 64., 64., 64., 64., 64., 64.,
64., 64., 64., 64., 64., 64., 64., 64., 64., 64., 64., 64., 64., 64., 64., 64., 64., 64., 64., 64., 64., 64., 64.,
64., 64., 64., 64.}
```

위의 논리를 따라 주어진 실수, R 과 R 다음에 오는 기계수와의 간격은 대략 R × \$MachineEpsilon 이 되는 것을 알 수 있다. 이와 같은 사실을 이용하여 위의 변수, nextnum 의 코드는 다음과 같이 개량할 수 있다.

n + n \$MachineEpsilon 은 정수, n 다음의 수와 가까운 수이고, Ulp (n + n \$MachineEpsilon)는 그 수 부근에서 기계수의 단위의 크기를 보여 주므로 위와 같은 역할을 한다.

```
Table[Ulp[n+n $MachineEpsilon], {n, 1, 10}]
```

$\{2.22045\times10^{-16}, 4.44089\times10^{-16}, 4.44089\times10^{-16}, 8.88178\times10^{-16}, 8.88178\times10^{-16}, 8.88178\times10^{-16}, 8.88178\times10^{-16}, 1.77636\times10^{-15}, 1.77636\times10^{-15}, 1.77636\times10^{-15}\}$

정수, 1 에서 왼편으로 한 단위 옮겨갈 때 기계수의 단위의 크기를 알고 싶으면 다음과 같이 한다.

```
Ulp[1 (1-$MachineEpsilon)]
```

$1.11022\times10^{-16}$

다음은 주어진 함수를 실수, 5.0 부근에서 좌우 각각 다섯 개의 기계수를 대입하여 구하는 값을 매스매티카 패키지 함수, Microscope 를 이용하여 함수의 수치적 민감성을 시각적으로 나타낸 것이다.

```
Microscope[Log[x], {x, 5, 5}];
```

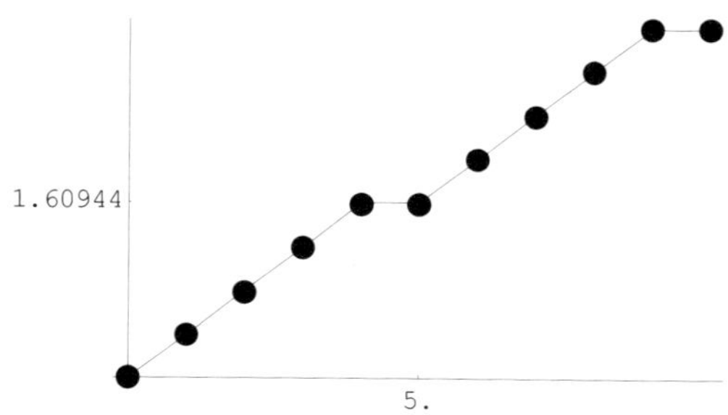

이제 위의 계산에서 에러의 크기를 Ulp(unit in last place)의 단위로 계산하여 시각적으로 보면 다음과 같다.

```
MicroscopicError[Log[x], {x, 5, 10}];
```

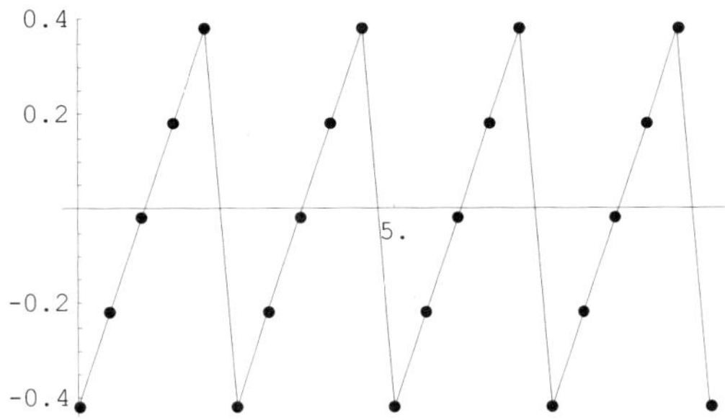


다음과 같은 x-Sin x 와 같은 함수는 작은 x 에 대하여 수치적 에러가 지나치게 크기 때문에 그래프의 범위 문제로 그림이 그려지지 않는다. 이러한 문제를 해결하기 위하여 위의 수식을

$$y = x - \sin x = x - \left( x - \frac{x^3}{3!} + \frac{x^5}{5!} - \cdots \right) = \frac{x^3}{3!} - \frac{x^5}{5!} + \frac{x^7}{7!} \cdots$$

의 모양으로 바꾼다.

이와 같이 수식을 전개한 것이 에러를 줄인다는 것을 알 수 있다.

```
MachineError[x - Sin[x], x → 0.0001]
```

$-2.02037 \times 10^{8}$ Ulps

$$\text{MachineError}\left[\frac{x^3}{3!} - \frac{x^5}{5!} + \frac{x^7}{7!},\ x \to 0.0001\right]$$

0.688659 Ulps

그리고, $\sqrt{x^2+1}-1$ 은 $\dfrac{x^2}{\sqrt{x^2+1}+1}$ 의 꼴로 바꾸어 주면 수치적 에러를 많이 줄일 수 있다.

$$\text{MachineError}\left[\sqrt{x^2+1} - 1,\ x \to 0.00001\right]$$

$6.40366 \times 10^{8}$ Ulps

$\sqrt{x^2+1}-1$ 과 비교하여 에러가 준 것을 알 수 있다.

```
MachineError[x^2/(Sqrt[x^2 + 1] + 1), x → 0.00001]
```

0.147168 Ulps

## Wilkinson 다항식

이제까지의 수치적 오차에 대한 설명은 주로 이진법으로의 전환에서 유효 숫자가 잘리는 에러(roundoff error)이거나 수치적 알고리즘의 문제였다. 서두에서 잠시 언급한 바와 같이 수치적 에러의 문제는 이와 같이 단순하지만은 않다.

다음의 문제는 앞에서 보아 온 컴퓨터의 하드웨어나 알고리즘의 사용에 따르는 수치적 에러의 유형과는 달리, 문제 그 자체가 수치적으로 예민한 경우이다.
Wilkinson 다항식으로 알려진 다음의 다항식의 경우

$$p(z) = (z-1)(z-2)\cdots(z-19)(z-20)$$
$$= z^{20} - 210z^{19} + 20615z^{18} - \cdots$$

$z^{19}$ 의 항의 계수, 즉, 210 에 상대적으로 무시할만한 크기의 수 $2^{-23} \approx 0.0000001$ 을 더하여 근을 구하면 뜻하지 않은 결과를 얻을 수 있다. 이렇게 하여 얻은 방정식,

$$p(z) = z^{20} - 201.0000001\ z^{19} + 20615\ z^{18} - \cdots + 20! = 0$$

의 근을 복소수 좌표 위에 표시하면 10 이후부터는 비정상적으로 복소수 근이 나오는 것을 알 수 있다.

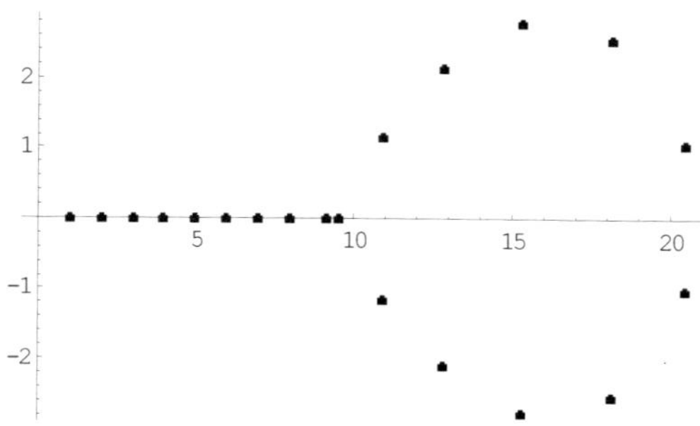

이제 위의 현상을 실제로 실험해보기로 하자.

Wilkinson 다항식을 만든다.

$$f[z\_] = \prod_{i=1}^{20} (z - i)$$

(-20 + z) (-19 + z) (-18 + z) (-17 + z) (-16 + z) (-15 + z) (-14 + z) (-13 + z) (-12 + z) (-11 + z) (-10 + z) (-9 + z) (-8 + z) (-7 + z) (-6 + z) (-5 + z) (-4 + z) (-3 + z) (-2 + z) (-1 + z)

위의 식을 전개한다.

```
expanded = Expand[%]
```

$$2432902008176640000 - 8752948036761600000\, z + 13803759753640704000\, z^2 - 12870931245150988800\, z^3 + 8037811822645051776\, z^4 - 3599979517947607200\, z^5 + 1206647803780373360\, z^6 - 311333643161390640\, z^7 + 63030812099294896\, z^8 - 10142299865511450\, z^9 + 1307535010540395\, z^{10} - 135585182899530\, z^{11} + 11310276995381\, z^{12} - 756111184500\, z^{13} + 40171771630\, z^{14} - 1672280820\, z^{15} + 53327946\, z^{16} - 1256850\, z^{17} + 20615\, z^{18} - 210\, z^{19} + z^{20}$$

이것을 0 으로 놓고 풀면 1 에서 20 까지의 정수가 될 것이다.

```
Solve[expanded == 0, z]
```

{{z -> 1}, {z -> 2}, {z -> 3}, {z -> 4}, {z -> 5}, {z -> 6}, {z -> 7}, {z -> 8}, {z -> 9}, {z -> 10}, {z -> 11}, {z -> 12}, {z -> 13}, {z ->14}, {z -> 15}, {z -> 16}, {z -> 17}, {z -> 18}, {z -> 19}, {z -> 20}}

$$N\left[\frac{1}{2^{23}}\right]$$

$1.19209 \times 10^{-7}$

전개된 꼴의 Wilkinson 다항식에서 $z^{19}$ 의 계수에 $2^{-23}$ 을 더한다. $z^{19}$ 항의 계수를 c 라 하고 $cz^{19}$ 의 꼴을 $c + \frac{1}{2^{23}} z^{19}$ 의 모양으로 바꾸면 $z^{19}$ 의 계수에 $2^{-23}$ 을 더하는 셈이 된다.

$$\text{poly} = \text{expanded} \ /. \ \text{coeff\_}\ z^{19} \to \left(\text{coeff} + \frac{1}{2^{23}}\right) z^{19}$$

$$432902008176640000 - 8752948036761600000\,z + 13803759753640704000\,z^{2} - 12870931245150988800\,z^{3} + 8037811822645051776\,z^{4} - 3599979517947607200\,z^{5} + 1206647803780373360\,z^{6} - 311333643161390640\,z^{7} + 63030812099294896\,z^{8} - 10142299865511450\,z^{9} + 1307535010540395\,z^{10} - 135585182899530\,z^{11} + 11310276995381\,z^{12} - 756111184500\,z^{13} + 40171771630\,z^{14} - 1672280820\,z^{15} + 53327946\,z^{16} - 1256850\,z^{17} + 20615\,z^{18} - \frac{1761607679\,z^{19}}{8388608} + z^{20}$$

이제 이 방정식을 푼다.

```
sol = NSolve[poly==0, z]
```

```
{{z → 1.}, {z → 2.}, {z → 3.}, {z → 4.}, {z → 5.}, {z → 5.99999 }, {z → 7.00031 },
 {z → 7.99295 }, {z → 9.1482 }, {z → 9.50084 }, {z → 10.8931  - 1.14955  i},
 {z → 10.8931  + 1.14955  i}, {z → 12.8218  - 2.12347  i}, {z → 12.8218  + 2.12347  i},
 {z → 15.3059  - 2.77535  i}, {z → 15.3059  + 2.77535  i}, {z → 18.1813  - 2.54893  i},
 {z → 18.1813  + 2.54893  i}, {z → 20.4768  - 1.03901  i}, {z → 20.4768  + 1.03901  i}}
```

위의 근의 실수부, 허수부를 각각 {x, y}에 넣어 ListPlot을 해 준다.

```
rootCoords = {Re[z], Im[z]} /. sol;
ListPlot[rootCoords, Prolog->PointSize[0.02]];
```

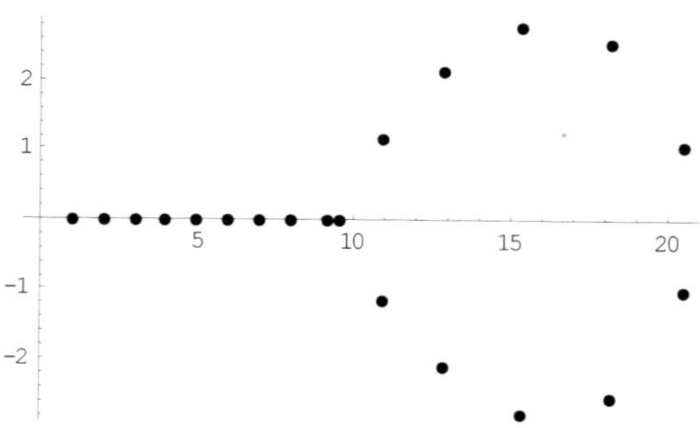

# 3 장

# 랜덤의 성질

랜덤이란 일정한 규칙이 없는 것을 뜻하는 것으로 무엇이 없다는 의미가 강조되는 특징이 있다. 이와 같이 규칙성이 없는 랜덤값은 시뮬레이션 프로그램 등에 결정적으로 중요하다. 그러나, 랜덤이라는 중요한 개념의 이해에는 상식과 직관에 반하는 위험이 있다.

## 랜덤으로 점 찍기

우선, x-y 좌표상의 영역 $-1 \le x \le 1$, $-1 \le y \le 1$ 에서 원점을 중심으로 하는 원 안에 랜덤으로 점을 그려 넣는 문제를 생각하여 보자. 이것은 마치 밀가루 반죽에 건포도를 랜덤으로 섞는 것과 같은 것으로 포아송분포(Poisson distribution)를 따른 것이라는 것은 확률론의 기초적 사실이다.

그러면 랜덤으로 점을 찍어 넣는 문제를 컴퓨터로 실험하는 방법을 생각하여 보자. 여러 가지 방법 중 하나로 주어진 전체 영역에 랜덤으로 점을 찍고, 그 중 $x^2 + y^2 \le 1$ 을 만족시키는 점만을 골라 찍고 나머지는 버리는 방법을 생각할 수 있다.

하지만, 이러한 방법은 버리는 점이 많아 비효율적이므로 다른 방법을 생각하여 보기로 하자. 우선 구간 [-1, 1]에서 x 축 위의 점 하나를 랜덤으로 정하고, 그렇게 정한 x 좌표에서 다시 원 안에 들어오는 y 점을 랜덤으로 잡는 방법을 생각할 수 있겠다. 그러나, 일견 효율적으로 보이는 이 방법은 실제로 컴퓨터로 구현하여 보면 실망스럽게도 틀린 방법이라는 것을 알 수 있다. 일단 위의 방법으로 그림을 그려보자.

앞으로 ListPlot 을 자주 사용하여야 하므로 ListPlot 의 옵션을 다음과 같이 정하여 놓고 그래프를 그린다.

```
SetOptions[ListPlot, AspectRatio ->1, Frame -> True, Axes -> False];
```

구간 (-1, 1)에서의 랜덤수에 대한 변수, rand 를 다음과 같이 정의한다.

```
rand:=2 Random[]-1
```

우선 -1 과 1 사이의 임의의 점을 잡고, 거기서 $-\sqrt{1-x^2} \le y \le \sqrt{1-x^2}$ 을 만족하는 랜덤수 y 를 5000 번 반복하여 구한다.

```
pts = Table[{x = rand, rand √(1 - x²)}, {5000}];
```

```
ListPlot[pts, Prolog -> PointSize[0.005]]
```

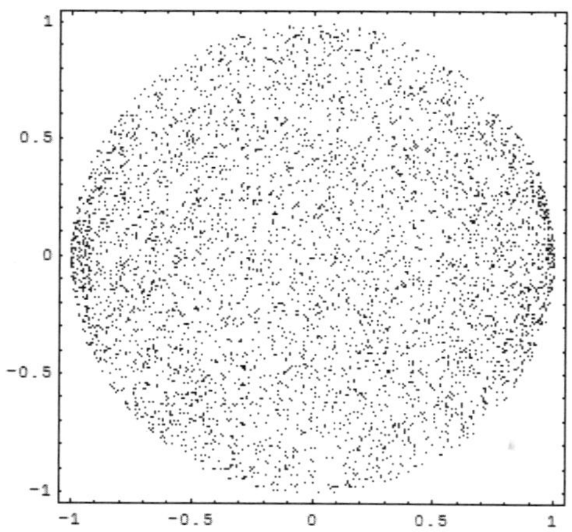


그림에서 분명히 나타나는 것처럼 그림의 동쪽과 서쪽 끝이 다른 부분보다 검게 보인다.

이러한 이상 현상에 대한 위의 그림을 그리기 위하여 사용한 방법은 다음 식에서 보는 바와 같은 확률변수의 변환이므로, 균등분포가 아닌 다른 분포가 되는 것은 확실하다.

$$x = u$$
$$y = v\sqrt{1-u^2}$$

단, $u$, v ~ Uniform[-1, 1]

그러면, 균등분포가 아닌 어떤 분포가 되는지를 추적하여 보기로 하자.
우선 $u$, $v$ 에 관하여 풀어 Jacobian 을 구한다.

$$\textbf{Outer}\left[\textbf{D}, \left\{\textbf{x}, \frac{\textbf{y}}{\sqrt{\textbf{1-x}^2}}\right\}, \{\textbf{x}, \textbf{y}\}\right]$$

$$\left\{\{1, 0\}, \left\{\frac{x\,y}{(1-x^2)^{3/2}}, \frac{1}{\sqrt{1-x^2}}\right\}\right\}$$

```
Det[%]
```

$$\frac{1}{\sqrt{1-x^2}}$$

이것이 확률분포인 것을 확인하여 보자.

$$\int_{-1}^{1}\int_{-\sqrt{1-x^2}}^{\sqrt{1-x^2}} \frac{1}{4\sqrt{1-x^2}}\, dy\, dx$$

1

위의 결과를 이용하여 이제 원의 좌우 양쪽이 검게 나오는 현상을 이해할 수 있다.

$$\textbf{Plot3D}\left[\frac{\textbf{UnitStep[1 - (u}^2 + \textbf{v}^2\textbf{)]}}{\textbf{4}\sqrt{\textbf{1 - u}^2}}, \{\textbf{u}, -1+0.001, 1-0.001\}, \{\textbf{v}, -1+0.001, 1-0.001\}, \textbf{PlotPoints} \to 50\right]$$

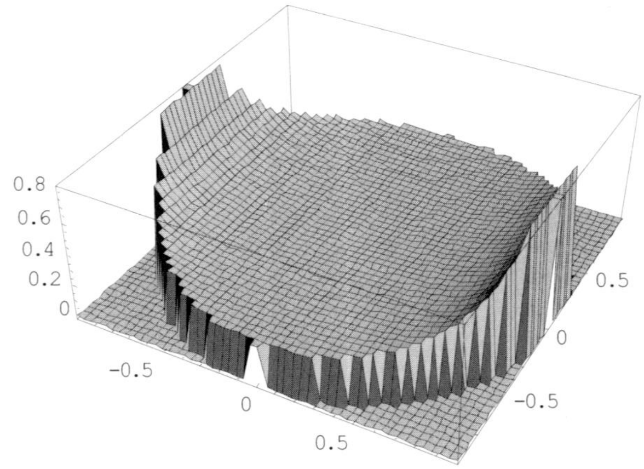


이제 다른 방법을 생각하여 볼 때 자연스럽게 떠오르는 것으로 $x = r\cos\theta, y = r\sin\theta$를 이용한 극좌표 변환이 있다.

물론, 이것은 반지름과 각도를 임의로 잡아 점을 찍는 것을 말한다. 하지만 이 방법을 사용한 결과는 원의 가운데가 까맣게 나타나므로, 이것은 위의 방법보다 더 좋지 않다.

```
pts = Table[{(r = Random[]) Cos[t = 2 π Random[]], r Sin[t]}, {5000}];
ListPlot[pts, Prolog→PointSize[0.005]]
```

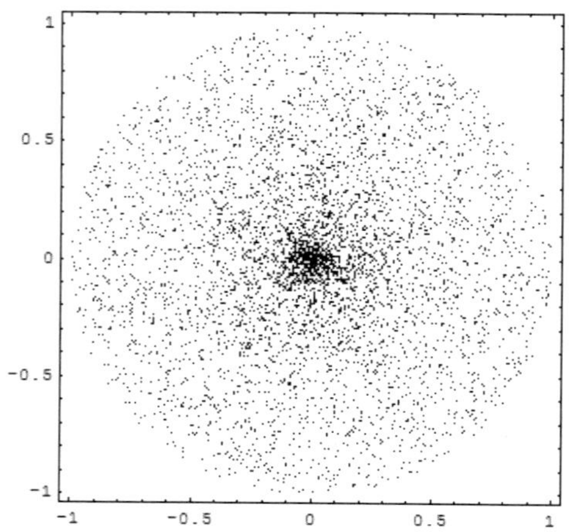


앞에서와 마찬가지로 Jacobian을 사용하여 이와 같은 현상을 설명하여 보기로 하자.

극좌표 변환을 r 과 $\theta$ 에 대하여 풀고 Jacobian 을 구한다.

```
Outer[D, {√(x² + y²), ArcTan[y/x]}, {x, y}]
```

$$\left\{\left\{\frac{x}{\sqrt{x^2+y^2}}, \frac{y}{\sqrt{x^2+y^2}}\right\}, \left\{-\frac{y}{x^2\left(1+\frac{y^2}{x^2}\right)}, \frac{1}{x\left(1+\frac{y^2}{x^2}\right)}\right\}\right\}$$

```
Simplify[Det[%]]
```

$$\frac{1}{\sqrt{x^2+y^2}}$$

$$g(x, y) = f(r, \theta)\left|J\left(\frac{r, \theta}{x, y}\right)\right|$$

을 구하면

r~uniform[0,1], $\theta$~uniform[0, 2$\pi$ ], $f(r, \theta) = \frac{1}{2\pi}$ 이므로,

확률밀도 함수

$$g(x, y) = \frac{1}{2\pi\sqrt{x^2+y^2}}$$

을 구한다.

그래픽으로 함수를 표현함에 있어서 명암으로 함수값의 높고 낮음을 나타낼 수 있다. 매스매티카 3 차원 그래프에서 밝은 부분일수록 함수값이 커지는 것을 나타내므로, 다음 그림과 같은 모양이 나오도록 하려면 함수의 부호를 바꾸어 준다.

```
DensityPlot[-1/(2 π √(x² + y²)), {x, -1, 1}, {y, -1, 1},
  PlotPoints → 25];
```

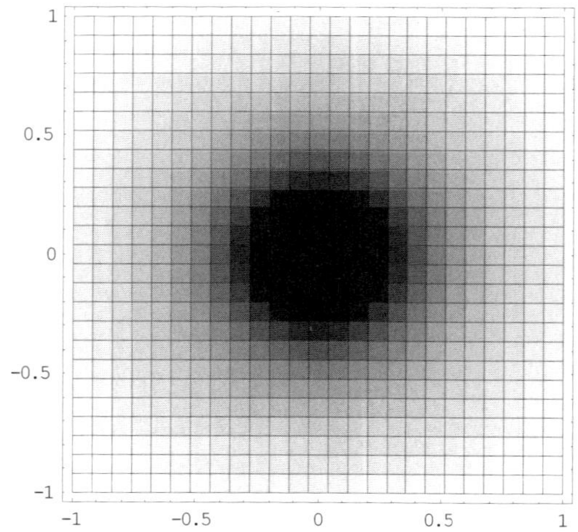


이제, 등고선 모양으로 나타내기 위해서 기본그래픽함수, ContourPlot 을 이용한다.

```
ContourPlot[- 1/(2 π Sqrt[u^2 + v^2]), {u, -1, 1}, {v, -1, 1},
  PlotPoints → 25];
```

$$\texttt{ContourPlot}\left[-\frac{1}{2\pi\sqrt{u^2+v^2}},\ \{u,-1,1\},\ \{v,-1,1\},\ \texttt{PlotPoints}\to 25\right];$$

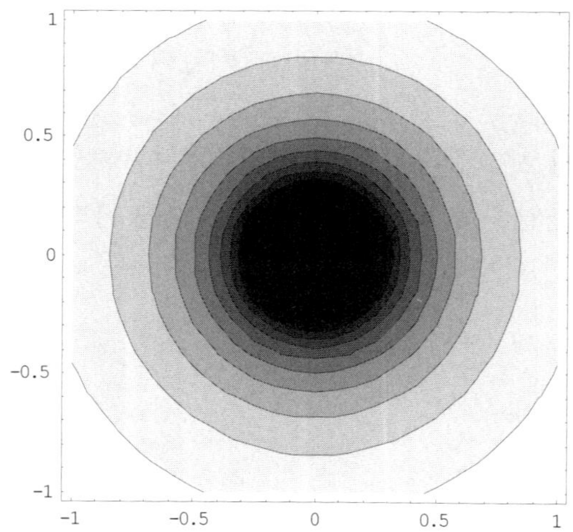


3 차원 그림으로 나타내면 가운데가 검게 나오는 것을 알 수 있다.

```
Plot3D[1/(2 π Sqrt[u^2 + v^2]), {u, -1, 1}, {v, -1, 1}, PlotRange → All,
 PlotPoints → 50]
```

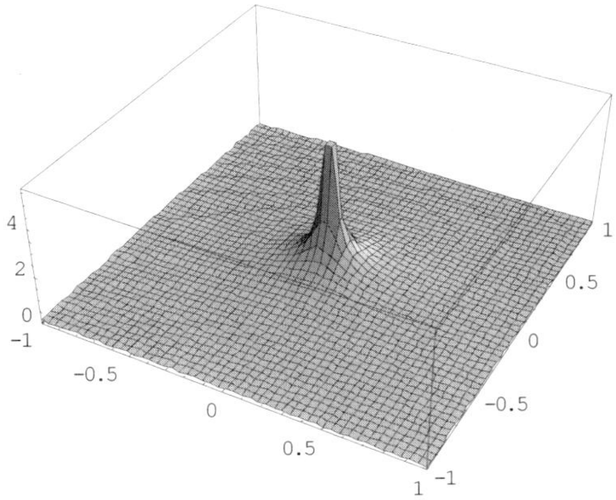


사각형에 점을 균일하게 찍는 올바른 방법으로 처음에 제시한 사각형 안에있는 랜덤의 점 중에서 단위원 안에 들어간 것만을 고르고 나머지는 버리는 방법이 있다.

```
pts = Table[{rand, rand}, {5000}];
ListPlot[Select[pts, #1.#1<=1&], Prolog->PointSize[0.005]]
```

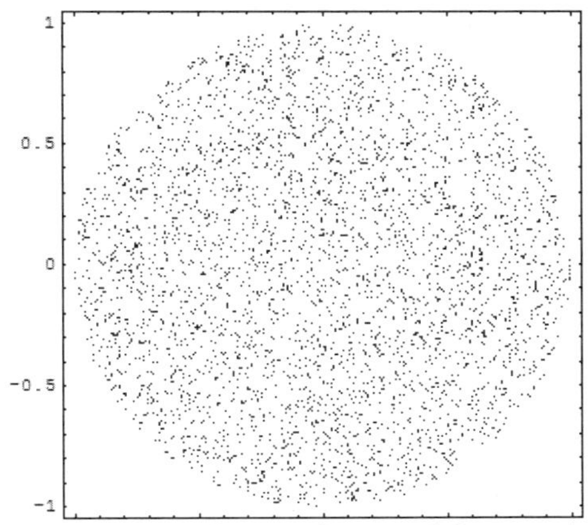


여기서 한가지 주의해야 할 것은 단위원 안에 점이 골고루 분포되었더라도 그것은 점의 x, y 좌표가 서로 독립이라는 것을 의미하지는 않는다.
$f(x,y) \neq f_X(x) f_Y(y)$ 가 되므로 서로 독립이 아니다.

$$\left(\int_{-\sqrt{1-x^2}}^{\sqrt{1-x^2}} \frac{1}{\pi}\, dy\right) \int_{-\sqrt{1-y^2}}^{\sqrt{1-y^2}} \frac{1}{\pi}\, dx$$

$$\frac{4\sqrt{1-x^2}\,\sqrt{1-y^2}}{\pi^2}$$

## 소수점 분포

만일, 자연수, 1에서 9까지의 랜덤수를 만드는 방법의 하나로 물리·화학 상수에 나오는 수의 첫째 숫자를 취한다면 이것은 과연 랜덤수가 될까 하는 문제를 생각하여 보자.
예를 들어, 우주의 나이와 아보가드로 상수는 서로 전혀 관계가 없어 보이므로 물리·화학 상수는 균등분포를 가진다고 생각할 수 있다. 그러나, 이를 모아놓은 패키지에 있는 수의 첫째 숫자를 보면 아래의 표에서처럼 그들의 분포가 균등하지 않다.

| 숫자 | 1 | 2 | 3 | 4 | 5 | 6 | 7 | 8 | 9 |
|---|---|---|---|---|---|---|---|---|---|
| 실험값 | 6 | 8 | 3 | 1 | 3 | 6 | 1 | 1 | 4 |

사실상 이들 수의 분포는 균등분포가 아닌 확률밀도함수, $f(x)=\dfrac{1}{x\log 10}$ 을 따르는 분포를 가지며, 그 이유를 간단히 설명하자면 물리·화학 상수는 부동소수점의 곱셈·나눗셈의 결과이기 때문이다.

이것을 수학적으로 설명하면 다음과 같다. 숫자 b를 base로 하는 두 수의 곱에서의 mantissa의 확률분포는

$$h(z)=\int_1^z f(x)\big(g(z/x)(1/x)\big)dx+\int_z^b f(x)\big(g(bz/x)(b/x)\big)dx$$

로 된다.

이것을 이용하여 확률밀도함수가 $f(x)=1/(b-1)$ 인 균등분포를 따르는 두 개의 수의 곱은 확률밀도함수가

$$\begin{aligned}h(z)&=\frac{1}{(b-1)^2}\left(\int_1^z 1/x\,dx+\int_z^b b/x\,dx\right)\\&=\frac{1}{(b-1)^2}\big(\ln z+b(\ln b-\ln z)\big)\\&=\frac{1}{(b-1)^2}\big(b\ln b-(b-1)\ln z\big)\end{aligned}$$

인 확률분포가 된다.

그런데, 이것은 확률밀도함수, $f(x) = \dfrac{1}{x\log 10}$ 로 빠른 속도로 수렴한다. 그러므로, 누적분포함수는

$$F(x) = \frac{\log x}{\log 10} = \log_{10} x,\ F(10) = 1$$

로 주어지고, 첫째 숫자가 n 일 확률은

$$\Pr(n) = \log(n+1) - \log(n) = \log(1+1/n)$$

로 된다.

이와 같은 수학적 사실은 실험을 통하여 확인할 수 있다. 구간 [1, 100]을 99 개의 균등한 부분 구간으로 나누어 가운데 수를 서로 곱하여 얻은 수의 첫째 숫자의 분포는 다음과 같이 구할 수 있다.

```
h[z_, b_] := (b Log[b] - (b - 1) Log[z]) / (b - 1)^2

h[z,10]

1/81 (10 Log[10] - 9 Log[z])
```

| 숫자 | 개수 | 실험적 비율 | 이론적 비율 |
|---|---|---|---|
| 1 | 2364 | 24.120 | 24.135 |
| 2 | 1799 | 18.355 | 18.321 |
| 3 | 1426 | 14.546 | 14.545 |
| 4 | 1143 | 11.662 | 11.738 |
| 5 | 931 | 9.499 | 9.501 |
| 6 | 756 | 7.714 | 7.640 |
| 7 | 584 | 5.959 | 6.047 |
| 8 | 462 | 4.714 | 4.647 |
| 9 | 336 | 3.343 | 3.418 |
| 합계 | 9999 | | |

누적분포함수를 구한다.

```
H[z_] = Integrate[h[x, 10], {x, 1, z}]
```

$$(-1+z)\ \mathrm{If}\left[\mathrm{Re}[z] \geq 0 \,||\, \mathrm{Im}[z] \neq 0,\ \frac{1}{81}\left(9 + 10\,\mathrm{Log}[10] - \frac{9\,z\,\mathrm{Log}[z]}{-1+z}\right),\ \mathrm{Integrate}\left[\frac{1}{81}(10\,\mathrm{Log}[10] - 9\,\mathrm{Log}[1 + x(-1+z)]),\ \{x, 0, 1\},\ \mathrm{Assumptions} \to \mathrm{Im}[z] == 0\ \&\&\ \mathrm{Re}[z] < 0\right]\right]$$

이와 같이 If를 사용한 결과가 나오면 Assumptions를 사용하여 해소한다.

```
H[z_] = Integrate[h[x, 10], {x, 1, z}, Assumptions -> z > 1]
```

$$\frac{1}{81}\left((-1+z)(9 + 10\,\mathrm{Log}[10]) - 9\,z\,\mathrm{Log}[z]\right)$$

이것을 이용하여 0.1에서 1까지의 9개 구간의 확률을 열거한다.

```
reciprocal = Table[N[H[n + 1] - H[n]], {n, 1, 9}]
{0.241348, 0.183209, 0.145454, 0.11738, 0.0950067, 0.0764015, 0.0604741, 0.0465488, 0.0341776}
```

물론 위의 결과를 모두 더하면 1이 된다.

```
Plus @@ reciprocal
1.
```

이것을 막대그래프로 그리면 숫자의 분포는 균등분포와는 거리가 먼 것을 알 수 있다.

```
<<Graphics`
BarChart[reciprocal]
```

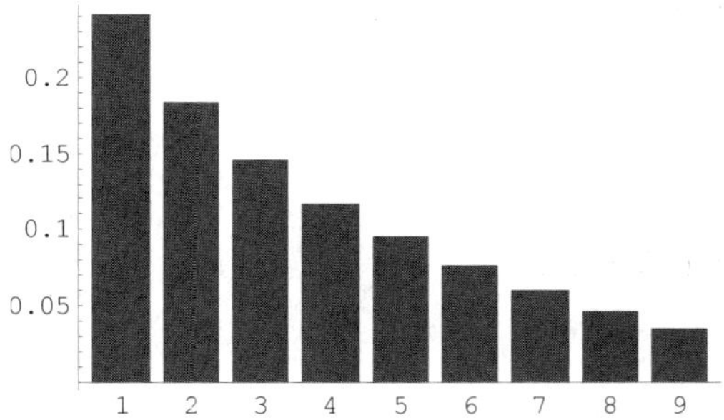


Log[10.]에 소수점을 붙인 이유는 계산의 결과를 소수점으로 나타내기 위해서이다.

```
Table[1/(x Log[10.]), {x, 1, 10}]
```

{0.434294, 0.217147, 0.144765, 0.108574, 0.0868589, 0.0723824, 0.0620421, 0.0542868, 0.0482549, 0.0434294}

구간 (1, 100)을 99 개의 균등한 부분 구간으로 나누어 가운데 수를 서로 곱하여 얻은 수의 첫째 숫자의 분포는 다음과 같이 구할 수 있다.

```
points = Partition[Range[100], 2, 1];
points = Table[{n, n + 1}, {n, 1, 99}];
midpoints = N[(((#1 + #2)/2 & ) @@ #1 & ) /@ points];
```

사실 이것은 매우 놀랄만한 일은 아니다. 다음의 구구단에서 첫째 숫자의 분포를 보면 숫자가 커질수록 그것의 빈도수는 점점 작아지는 것을 알 수 있다.

```
TableForm[tbl = Array[#1 #2 &, {9, 9}]]
```

| | | | | | | | |
|---|---|---|---|---|---|---|---|
| 1 | 2 | 3 | 4 | 5 | 6 | 7 | 8 |
| 2 | 4 | 6 | 8 | 10 | 12 | 14 | 16 |
| 3 | 6 | 9 | 12 | 15 | 18 | 21 | 24 |
| 4 | 8 | 12 | 16 | 20 | 24 | 28 | 32 |
| 5 | 10 | 15 | 20 | 25 | 30 | 35 | 40 |
| 6 | 12 | 18 | 24 | 30 | 36 | 42 | 48 |
| 7 | 14 | 21 | 28 | 35 | 42 | 49 | 56 |
| 8 | 16 | 24 | 32 | 40 | 48 | 56 | 64 |
| 9 | 18 | 27 | 36 | 45 | 54 | 63 | 72 |

```
tbl = Flatten[tbl];
fdigits = (IntegerDigits[#1][[1]] & ) /@ tbl
```

{1, 2, 3, 4, 5, 6, 7, 8, 9, 2, 4, 6, 8, 1, 1, 1, 1, 1, 3, 6, 9, 1, 1, 1, 2, 2, 2, 4, 8, 1, 1, 2, 2, 2, 3, 3, 5, 1, 1, 2, 2, 3, 3, 4, 4, 6, 1, 1, 2, 3, 3, 4, 4, 5, 7, 1, 2, 2, 3, 4, 4, 5, 6, 8, 1, 2, 3, 4, 4, 5, 6, 7, 9, ´, 2, 3, 4, 5, 6, 7, 8}

```
dist = Table[Length[Cases[fdigits, i]], {i, 9}]
 {18, 15, 11, 12, 6, 7, 4, 5, 3}
```

이들을 서로 곱한다.

```
prod = Outer[Times, midpoints, midpoints]//Flatten;
```

이들의 첫째 숫자를 뽑는다.

```
fdigits = (RealDigits[#1][[1,1]] & ) /@ prod;
```

1 에서 9 까지의 수의 분포를 구한다.

```
dist = Table[Length[Cases[fdigits, i]], {i, 9}]
 {2364, 1799, 1426, 1143, 931, 756, 584, 462, 336}
```

보통 쓰는 물리·화학 상수의 유효숫자에서 첫째짜리만을 고르면 상식적으로 1 에서 9 까지 모든 수가 골고루 분포되어 있을 것으로 기대한다. 하지만 앞에서의 논리로 그들 수의 빈도 분포는 reciprocal distribution 을 따라 1 이 가장 빈도수가 높고 9 까지 점점 작아진다. 이것을 매스매티카를 이용하여 확인하여 보기로 하자.
매스매티카의 물리·화학 상수가 있는 패키지를 올린다.

```
<<Miscellaneous`
```

패키지를 올림으로써 올라오는 상수를 열거한다.

```
Short[vars = Names["Miscellaneous`PhysicalConstants`*"]]
{AccelerationDueToGravity,AgeOfUniverse,   <<49>>   ,WeakMixingAngle}
```

위에서 올린 상수는 겉으로는 일반적인 매스매티카 변수로 보이지만, 사실상 "AccelerationDueToGravity"와 같이 따옴표, 즉, 스트링으로 내부적으로 저장되어 있다.

```
FullForm[vars[[1]]]
 "AccelerationDueToGravity"
```

기본함수, ToExpression 을 이용하여 상수로 바꾸어 준다.

```
const = ToExpression /@ vars
```

$$
\begin{array}{l}
\{\frac{9.80665\,\text{Meter}}{\text{Second}^2},\ 4.7\times10^{17}\,\text{Second},\ \frac{6.02214\times10^{23}}{\text{Mole}},\ 5.29177\times10^{-11}\,\text{Meter},\\
\frac{1.38065\times10^{-23}\,\text{Joule}}{\text{Kelvin}},\ 2.81794\times10^{-15}\,\text{Meter},\ 2.726\,\text{Kelvin},\\
\frac{4.33073\times10^{-27}\,\text{Joule}}{\text{Tesla}},\ 3.34358\times10^{-27}\,\text{Kilogram},\ 5.9742\times10^{24}\,\text{Kilogram},\\
6378140\,\text{Meter},\ 1.60218\times10^{-19}\,\text{Coulomb},\ 2.42631\times10^{-12}\,\text{Meter},\ -2.00232,\\
-\frac{9.28476\times10^{-24}\,\text{Joule}}{\text{Tesla}},\ 9.10938\times10^{-31}\,\text{Kilogram},\ \frac{96485.3\,\text{Coulomb}}{\text{Mole}},\\
0.00729735,\ 2.6\times10^{20}\,\text{Meter},\ \frac{6.673\times10^{-11}\,\text{Meter}^2\,\text{Newton}}{\text{Kilogram}^2},\\
\frac{3.2\times10^{-18}}{\text{Second}},\ 273.15\,\text{Kelvin},\ 2.06783\times10^{-15}\,\text{Weber},\ \frac{8.31447\,\text{Joule}}{\text{Kelvin Mole}},\\
\frac{0.022414\,\text{Meter}^3}{\text{Mole}},\ -2.00233,\ -\frac{4.49045\times10^{-26}\,\text{Joule}}{\text{Tesla}},\\
1.88353\times10^{-28}\,\text{Kilogram},\ 1.31959\times10^{-15}\,\text{Meter},\ -\frac{9.66236\times10^{-27}\,\text{Joule}}{\text{Tesla}},\\
1.67493\times10^{-27}\,\text{Kilogram},\ 6.62607\times10^{-34}\,\text{Joule Second},\\
1.05457\times10^{-34}\,\text{Joule Second},\ 2.1767\times10^{-8}\,\text{Kilogram},\\
1.32141\times10^{-15}\,\text{Meter},\ \frac{1.41061\times10^{-26}\,\text{Joule}}{\text{Tesla}},\ 1.67262\times10^{-27}\,\text{Kilogram},\\
\frac{0.0000387405\,\text{Ampere}}{\text{Volt}},\ \frac{1.09737\times10^{7}}{\text{Meter}},\ -1.1517,\ \frac{1373.\,\text{Watt}}{\text{Meter}^2},\\
3.86\times10^{26}\,\text{Watt},\ 6.9599\times10^{8}\,\text{Meter},\ 2953.25\,\text{Meter},\ \frac{299792458\,\text{Meter}}{\text{Second}},\\
\frac{340.292\,\text{Meter}}{\text{Second}},\ \frac{5.6704\times10^{-8}\,\text{Watt}}{\text{Kelvin}^4\,\text{Meter}^2},\ 6.65246\times10^{-29}\,\text{Meter}^2,\\
\frac{\pi\,\text{Second Volt}}{2500000\,\text{Ampere Meter}},\ \frac{8.85419\times10^{-12}\,\text{Ampere Second}}{\text{Meter Volt}},\ 0.2224\}
\end{array}
$$

기본함수, FullForm 은 매스매티카 내부적으로 저장되어있는 형태를 보여준다.

$$\textbf{FullForm}\left[\frac{\pi\,\textbf{Second Volt}}{\textbf{2500000 Ampere Meter}}\right]$$

```
Times[Rational[1, 2500000], Power[Ampere, -1], Power[Meter, -1], Pi, Second, Volt]
```

위의 결과에서 단위를 뺀 나머지를 구한다.

$$\textbf{Cases}\left[\textbf{N}\left[\frac{\pi\,\textbf{Second Volt}}{\textbf{2500000 Ampere Meter}}\right],\ \textbf{\_Real}\right]$$

$$\{1.25664\times10^{-6}\}$$

변수, const 의 구조적인 깊이를 계산한다.

```
Depth[const]
```

```
4
```

변수, const 의 모든 구조에서 헤드가 Real 로 되는 것을 찾는다.

```
nums = Cases[N[const], _Real, 4]
```

```
{9.80665, 4.7×10^17, 6.02214×10^23, 5.29177×10^-11,
 1.38065×10^-23, 2.81794×10^-15, 2.726, 4.33073×10^-27,
 3.34358×10^-27, 5.9742×10^24, 6.37814×10^6, 1.60218×10^-19,
 2.42631×10^-12, -2.00232, -9.28476×10^-24, 9.10938×10^-31,
 96485.3, 0.00729735, 2.6×10^20, 6.673×10^-11, 3.2×10^-18,
 273.15, 2.06783×10^-15, 8.31447, 0.022414, -2.00233,
 -4.49045×10^-26, 1.88353×10^-28, 1.31959×10^-15,
 -9.66236×10^-27, 1.67493×10^-27, 6.62607×10^-34, 1.05457×10^-34,
 2.1767×10^-8, 1.32141×10^-15, 1.41061×10^-26, 1.67262×10^-27,
 0.0000387405, 1.09737×10^7, -1.1517, 1373., 3.86×10^26,
 6.9599×10^8, 2953.25, 2.99792×10^8, 340.292, 5.6704×10^-8,
 6.65246×10^-29, 1.25664×10^-6, 8.85419×10^-12, 0.2224}
```

이제 상수를 뽑는 과정에서 혹시 잃어버린 상수는 없는지 확인한다.

```
Length[%] == Length[const]
True
```

위에서 구한 상수를 mantissa와 exponent로 분리하여 유효숫자를 찾기로 하자.

```
MantissaExponent[nums]
{{0.980665, 1}, {0.47, 18}, {0.602214, 24}, {0.529177, -10}, {0.138065, -22}, {0.281794, -14}, {0.2726, 1}, {0.433073, -26}, {0.334358, -26}, {0.59742, 25}, {0.637814, 7}, {0.160218, -18}, {0.242631, -11}, {-0.200232, 1}, {-0.928476, -23}, {0.910938, -30}, {0.964853, 5}, {0.729735, -2}, {0.26, 21}, {0.6673, -10}, {0.32, -17}, {0.27315, 3}, {0.206783, -14}, {0.831447, 1}, {0.22414, -1}, {-0.200233, 1}, {-0.449045, -25}, {0.188353, -27}, {0.131959, -14}, {-0.966236, -26}, {0.167493, -26}, {0.662607, -33}, {0.105457, -33}, {0.21767, -7}, {0.132141, -14}, {0.141061, -25}, {0.167262, -26}, {0.387405, -4}, {0.109737, 8}, {-0.11517, 1}, {0.1373, 4}, {0.386, 27}, {0.69599, 9}, {0.295325, 4}, {0.299792, 9}, {0.340292, 3}, {0.56704, -7}, {0.665246, -28}, {0.125664, -5}, {0.885419, -11}, {0.2224, 0}}
```

Map을 이용하여 이들의 첫째 숫자만을 골라 모은다.

```
firstDigits = (RealDigits[#1][[1, 1]] &) /@ nums
{9, 4, 6, 5, 1, 2, 2, 4, 3, 5, 6, 1, 2, 2, 9, 9, 9, 7, 2, 6, 3, 2, 2, 8, 2, 2, 4, 1, 1, 9, 1, 6, 1, 2, 1, 1, 1, 3, 1, 1, 1, 3, 6, 2, 2, 3, 5, 6, 1, 8, 2}
dist = Table[Count[firstDigits, i], {i, 9}]
```

이렇게 얻은 숫자들 사이의 도수분포를 살펴보면 분포가 균등하지 않다는 것을 막대 그래프로 쉽게 확인할 수 있다.

```
BarChart[dist]
```

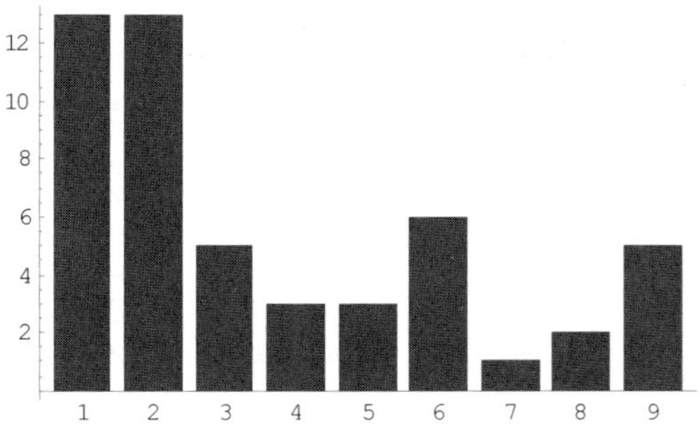


역시, 랜덤성의 개념은 변환에 대하여 민감한 특성을 가지고 있다는 사실을 확인하였다.

## 랜덤 분포

다음은 실제 데이터를 가지고 랜덤수를 형상화한 것이다. 동경 근교의 마을을 공중에서 가로, 세로 각각 3km, 4km 내의 지역에 위치한 총 913 채의 집의 분포를 촬영한 결과를 가로, 세로 각각 100m 간격으로 다시 세분하여 각각의 작은 지역에 위치한 집의 수를 세어 다음과 같은 데이터를 얻었다. 숫자 하나는 가로, 세로 각각 100m 의 정사각형의 지역에 위치한 집의 수에 해당한다.

이때 알고자 하는 것은 이들 집의 분포가 랜덤으로 되었는가 하는 것이다. 이것은 바꾸어 말하면 위의 데이터가 포아송 분포를 가지는가를 따지는 문제가 된다.

```
2221010012000012010122011201111211201202
0201201112201100010102201221210010102012
1011001011101011012020013012102112001022
0111020120002200010012000100010900011111
1200000000102022012101110301201111001031
1310101000002202001001000012111210213111
0100010101201311413101100000002220120301
0010100100130010010010222020012122001100
0110110113113010201000133200001010100010
0000011200152000020021010020001001000120
0200111011102142101220112100001220000000
0001101000012220001013120000002120002011
0100120000000110111121113010110141120102
0001111011000012011113021000020003020112
0110001120010010020001100011100002002100
3411031000200010121001410022000101110440
0010011111100102032022310011013001101110
1101010021002200215200000000100122002101
0301000200020000010200000110020000013001
0110201000001100101000112110000110100212
1000110011100210000130221401001030011010
2211011000110031100101025211012001101200
0000020111200112101003214502111120200101
0011200010011000002001221003311010000010
1011001122110000010021100000110011002002
0011111000221200021000001103001207102002
0111122200203101010010001113101021210001
0210002120000010301100010010002211010110
0000100200000001100110100110111201021011
2001200000100112132000000000001000111102
```

문제 해결의 전체적인 흐름은 다음과 같다. 포아송 분포의 parameter 는 $\mu$ 이므로 이것의 값을 추정하여야 한다. 포아송 분포의 MLE (Maximum likelihood estimator)는 $\bar{y}$ 이고,

$$\bar{y}=\frac{1}{1200}\left[0(583)+1(398)+2(169)+3(35)+4(9)+5(4)+6(0)+7(1)+9(1)\right]=0.76$$

이므로 위의 데이터는 확률밀도함수

$$f(y)=\frac{e^{-0.76}0.76^{y}}{y!},\quad y=0,1,2,\cdots$$

를 따른다고 할 수 있다.

이것을 이용하여 다음의 표와 같은 실험값에 대응하는 이론적 추정치를 구할 수 있다.

| 집의 수 | 실험값($O_i$) | 추정치($E_i$) |
|---|---|---|
| 0 | 583 | 560.732 |
| 1 | 398 | 426.624 |
| 2 | 169 | 162.295 |
| 3 | 35 | 41.1598 |
| 4 + | 15 | 9.18941 |

예를 들어, 집의 수 0 에 해당하는 추정치는

$E_1=1200\cdot f(0)=1200\cdot\frac{e^{-0.76}(0.76)^0}{0!}=560.732$ 이다.

이와 같은 방법으로 $\sum_{i=1}^{5}\frac{(O_i-E_i)^2}{E_i}$ 와 $\chi^2_{5-1-1,\ .99}$ 의 값을 비교하면

$$\sum_{i=1}^{5}\frac{(O_i-E_i)^2}{E_i}=7.67775 << \chi^2_{5-1-1,\ .99}=11.34486673014437$$

이 성립한다.

따라서 주어진 지역의 집들은 랜덤으로 분포되어 있다는 원 가설, $H_0$를 기각하지 않는다.

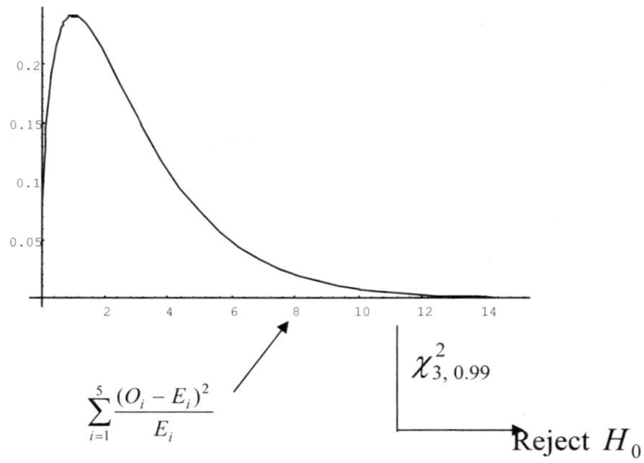


이와 같이 수치적 결과는 실험 지역의 가옥 분포가 랜덤으로 흩어져 있다는 가정과 같다는 것을 알았다. 이제 이와 같은 사실을 시각적으로 확인하는 방법에 대하여 생각하여 보자.

다음은, 그래프를 그릴 때 사용하는 심벌을 정하는 방법이다.

```
diamond = RegularPolygon[4, 0.02];
star = RegularPolygon[5, 0.02, {0, 0}, 0, 2];
```

패키지 함수로 MakeSymbol을 이용하여 사용자가 만들어 넣을 수 있다. 여기서는 두 개의 선을 이용하여 x 자 모양의 심벌을 만들어 본다.

```
MultipleListPlot[ obs, pred, SymbolShape ->
{PlotSymbol[Box], MakeSymbol[{Line[{{4, 4}, {-4, -4}}], Line[{{-4, 4}, {4, -4}}]}]} ]
```

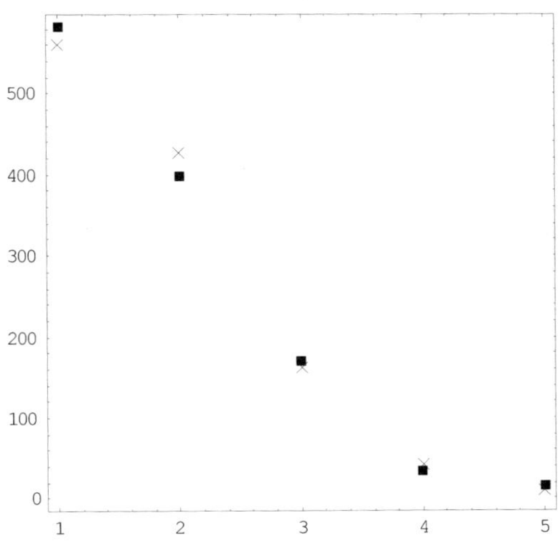

두 개의 데이터를 다시 한 번 정리한다.

```
TableForm[Transpose[{{0, 1, 2, 3, 4 "+"}, obs, pred}], TableHeadings -> {None,
{"Number of houses", "Observed", "Expected"}}]
```

| Number of houses | Observed | Expected |
|---|---|---|
| 0 | 583 | 560.732 |
| 1 | 398 | 426.624 |
| 2 | 169 | 162.295 |
| 3 | 35 | 41.1598 |
| 4+ | 15 | 9.18941 |

```
village =
 {{2,2,2,1,0,1,0,0,1,2,0,0,0,0,1,2,0,1,0,1,2,2,0,1,1,2,0,1,1,1,1,2,1,1,2,0,1,2,0,2,
 {0,2,0,1,2,0,1,1,1,2,2,0,1,1,0,0,0,1,0,1,0,2,2,0,1,2,2,1,2,1,0,0,1,0,1,0,2,0,1,2},
 {1,0,1,1,0,0,1,0,1,1,1,0,1,0,1,1,0,1,2,0,2,0,0,1,3,0,1,2,1,0,2,1,1,2,0,0,1,0,2,2},
                    << 20 줄 생략>>
 {0,0,1,1,2,0,0,0,1,0,0,1,1,0,0,0,0,0,2,0,0,1,2,2,1,0,0,3,3,1,1,0,1,0,0,0,0,0,1,0},
 {1,0,1,1,0,0,1,1,2,2,1,1,0,0,0,0,0,1,0,0,2,1,1,0,0,0,0,0,1,1,0,0,1,1,0,0,2,0,0,2},
 {0,0,1,1,1,1,1,0,0,0,2,2,1,2,0,0,0,2,1,0,0,0,0,0,1,1,0,3,0,0,1,2,0,7,1,0,2,0,0,2},
 {0,1,1,1,1,2,2,2,0,0,2,0,3,1,0,1,0,1,0,0,1,0,0,0,1,1,1,3,1,0,1,0,2,1,2,1,0,0,0,1},
 {0,2,1,0,0,0,2,1,2,0,0,0,0,0,1,0,3,0,1,1,0,0,0,1,0,0,1,0,0,0,2,2,1,1,0,1,0,1,1,0},
 {0,0,0,0,1,0,0,2,0,0,0,0,0,0,0,1,1,0,0,1,1,0,1,0,0,1,1,0,1,1,1,2,0,1,0,2,1,0,1,1},
 {2,0,0,1,2,0,0,0,0,0,1,0,0,1,1,2,1,3,2,0,0,0,0,0,0,0,0,0,1,0,0,0,1,1,1,1,0,2,1,0}}
houses = Flatten[village];
```

위의 데이터의 도수분포를 구한다.

```
observed = Table[Count[houses,i], {i, 0, 9}]
 {583, 398, 169, 35, 9, 4, 0, 1, 0, 1}
```

위의 도수분포의 구분에 해당하는 가옥의 수를 구한다.

```
Range[0, 9]
 {0, 1, 2, 3, 4, 5, 6, 7, 8, 9}
```

포아송 분포의 MLE (Maximum likelihood estimator)인 $\mu$를 구한다.

```
muHAT = %.%%/1200//N
 0.760833
poissonPDF = poisson[x, muHAT]
```

$$\frac{0.467277\,0.760833^{x}}{x!}$$

이론적 기대값을 구한다.

```
obs = Append[Take[observed, 4], Plus @@ Take[observed, -6]]
 {583, 398, 169, 35, 15}
expected = 1200 Table[poissonPDF/. x -> i, {i, 0, 9}]
 {560.732, 426.624, 162.295, 41.1598, 7.82893, 1.1913,
  0.151064, 0.0164192, 0.00156153, 0.000132007}
```

여기서 작은 수는 버리고 나머지 의미있는 크기의 수만 취한다.

```
pred = Append[Take[expected, 4], Plus @@ Take[expected, -6]]
 {560.732, 426.624, 162.295, 41.1598, 9.18941}
Plus @@ ((obs - pred)^2 /pred)
 7.67775
```

$\sum_{i=1}^{5}\frac{(O_i - E_i)^2}{E_i} = 7.67775 << \chi^2_{5-1-1,\ .99}$ 의 값을 구한다.

```
Quantile[ChiSquareDistribution[3], .99]
 11.34486673014437
```

주어진 데이터에 내재한 확률분포를 등고선 그래프와 밀도 그래프로 이해하여 보자.

```
ListContourPlot[village, ColorFunction->(GrayLevel[1-#]&)]
```

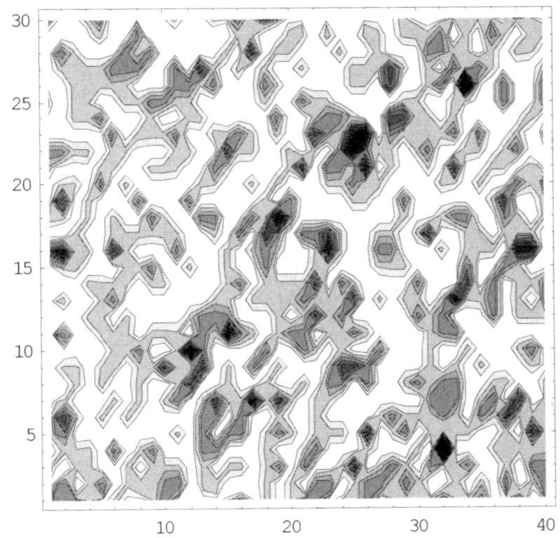

```
ListDensityPlot[village, ColorFunction->(GrayLevel[1-#]&)]
```

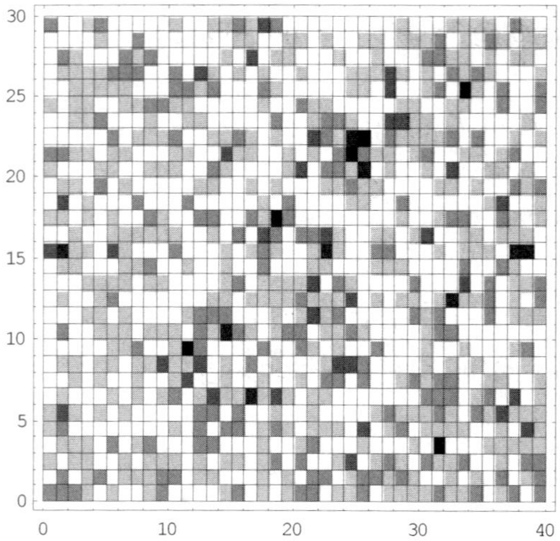


마지막으로, 일반적으로 매우 유용한 매스매티카 기술 중 하나로 텍스트 데이터를 그래픽으로 바꾸는 방법을 소개하기로 하자.

앞에서 변수, village 를 그래픽으로 바꾸기 위해 우선 숫자를 텍스트로 바꾸어야 한다. 여기서 숫자는 정수이므로 0 을 중심으로 번호를 찾으면 된다. 숫자, 0 에 해당하는 문자의 번호는 48 이므로, 주어진 데이터에 48 을 더해 주면 간단히 해결된다.

```
ToCharacterCode["0"]
 {48}

str = FromCharacterCode/@(village+48);
```

데이터의 한 줄씩 스트링으로 만들고 난 다음 이것을 그래픽으로 처리하여준다. 여기서 텍스트 그래픽의 위치를 정할 때 마이너스 값을 붙이지 않을 경우 데이터가 밑줄부터 거꾸로 나오기 때문이다.

```
pic = Table[Text[str[[i]], {0, -i}], {i, Length[str]}];
```

```
Show[Graphics[pic]]
```

```
2221010012000012010122011201111211201202
0201201112201100010102201221210010102012
1011001011101011012020013012102112001022
0111020120002200010012000100010900011111
1200000000102022012101110301201111001031
1310101000002202001001000012111210213111
0100010101201311413101100000002220120301
0010100100130010010010220200121220011001
0110110113113010201000133200001010100010
0000011200152000020021010020001001000120
0200111011102142101220112100001220000000
0001101000012220001013120000021200020111
0100120000000110111121113010110141120102
0001111011000012011113021000020003020112
0110001120010010020001100011100002002100
3411031000200010121001410022000101110440
0010011111100102032022310011013001101110
1101010021002200215200000000100122002101
0301000200020000010200001100200000013001
0110201000001100101000112110000110100212
1000110011100210000130221401001030011010
2211011000110031100101025211012001101200
0000020111200112101003214502111120200101
0011200010011000002001221003311010000010
1011001122110000010021100000110011002002
0011111000221200021000001103001207102002
0111122200203101010010001113101021210001
0210002120000010301100010010002211010110
0000100200000000110011010011011120102101
2001200000100112132000000000100011110210
```

# 4 장

# 경우의 수 - Counting

이산수학이나 확률론 등에서 경우의 수를 세는 방법에 자주 등장하는 개념으로 스털링의 수, 벨의 수, 카탈란의 수, 엇갈림의 수 등이 있다. 여기서 스털링의 수, 벨의 수는 집합을 분할하는 문제이고, 나머지는 위의 문제에 순서 개념을 더한 순열의 문제이다.

매스매티카 프로그래밍 측면에서 볼 때 이들 특수수의 구현은 기본단위인 리스트를 여러 가지 형태로 변형시키는 기본함수의 확장으로볼 수 있어 중요하다. 이 장에서는 매스매티카를 이용하여 경우의 수를 구하는 기본기술에 대한 실험과 응용에 대하여 설명하기로 한다. 가지수의 셈의 본론으로 들어가기 전에 워밍업으로 팩토리얼에 대하여 몇 가지 재미나는 사실을 살펴보기로 하자.

팩토리얼이 큰 수라는 사실에는 금방 수긍이 가나 그것이 얼마나 큰 수인가를 피부로 느끼기는 그다지 쉬워 보이지 않는다. 어찌 보면 철학적 문제 같기도 한 이 문제를 매스매티카적으로 풀어나가는 재미 역시 쏠쏠하다.

## 팩토리얼

1000!은 얼마나 큰 수일까? 물론 어떤 수가 크다, 혹은 작다라고 말하는 것은 사람마다 다르게 느끼는 것이어서 이와 같은 질문이 막연한 듯 보이나, 이 질문에 답은 아마 보통 사람들에게는 충격으로 느껴질 것이다.

1000!을 계산을 하고 보니 엄청나게 큰 수이긴 한데, 너무 크다보니 얼마나 큰지에 대해서는 감이 잘 오질 않는다.

그리고, 이렇게 막연히 크다고만 생각되는 이 수의 특징은 뒤에 0 이 많이 붙어 있다. 우선, 1000!의 끝에 오는 0 의 개수는 몇 개인지 실제로 세어 보고, 그 다음, 이 수가 얼마나 큰지 우주의 나이와 비교하여 보기로 하자.

```
big = 1000!;
```

```
4023872600770937735437024339230039857193748642107146325437999104299385123986290205
9204420848696940480047998861019719605863166687299480855890132382966994459099742450

<< 20 줄 생략>>

2170950025973898635542771967428222487575867657523442202075736305694988250879689281
6275384886339690995982628095612145099487170124451646126037902930912088908694202851
0640182154399457156805941872748998094254742173582401063677404595741785160829230135
3580818400969963725242305608559037006242712434169090041536901059339838357779394109
7002775347200000000000000000000000000000000000000000000000000000000000000000000000
0000000000000000000000000000000000000000000000000000000000000000000000000000000000
0000000000000000000000000000000000000000000000000000000000000000000000000000000000
00000000000000
```

인내심이 많은 사람이라면 위의 결과에서 0 을 손으로 세어나갈 수도 있을 수 있으나, 결코 바람직한 방법은 아니다. 여기서 잠시 생각해보면, 자연수의 곱으로 만들어진 수의 끝에 0 이 오는 이유는 2 와 5 가 곱해지며 10 이라는 숫자가 만들어지기 때문일 것이다. 그 아이디어에 착안을 하면, 우리가 원하는 답은 1000!을 소인수분해 하여 쉽게 구할 수 있을 것이다.

기본함수, FactorInteger 를 이용하여 1000!을 소인수분해하면 $2^{994} \times 3^{498} \times 5^{249} \times 7^{164} \times \cdots \times 991 \times 997$ 로 되어 2 와 5 의 지수 중 작은 수가 바로 1000! 뒤에 붙은 0 의 개수가 될 것이다.

```
FactorInteger[big]
```

```
{{2, 994}, {3, 498}, {5, 249}, {7, 164}, {11, 98}, {13, 81}, {17, 61}, {19, 54}, {23, 44}, {29, 35}, {31, 33},
{37, 27}, {41, 24}, {43, 23}, {47, 21}, {53, 18}, {59, 16}, {61, 16}, {67, 14}, {71, 14}, {73, 13}, {79, 12},

<< 8 줄 생략 >>

{743, 1}, {751, 1}, {757, 1}, {761, 1}, {769, 1}, {773, 1}, {787, 1}, {797, 1}, {809, 1}, {811, 1}, {821, 1},
{823, 1}, {827, 1}, {829, 1}, {839, 1}, {853, 1}, {857, 1}, {859, 1}, {863, 1}, {877, 1}, {881, 1}, {883, 1},
{887, 1}, {907, 1}, {911, 1}, {919, 1}, {929, 1}, {937, 1}, {941, 1}, {947, 1}, {953, 1}, {967, 1}, {971, 1},
{977, 1}, {983, 1}, {991, 1}, {997, 1}}
```

그래도 손으로 세는 것을 고집하는 사람을 위해서, 실제로 일일이 0 의 개수를 세어 보기로 하자. 물론 매스매티카 프로그래밍을 통하여 세는 방법을 생각해야겠다.

일단 1000!에 해당하는 커다란 수 전체를 문자로 바꾸고 그것을 문자 하나 하나로 바꾸어 변수, bigchar 에 저장한다.

```
bigchar = Characters[ToString[big]];
```

기본함수, Split 은 주어진 집합에서 인접한 동일한 원소끼리 묶어 주는 것으로 1000!에 있는 마지막 0 을 하나로 묶을 수 있다.

```
pieces = Split[bigchar];
```

위의 결과가 어떤 모양인지, 기본함수, Short 를 써서 결과값의 크기를 줄여보기로 하자.

```
Short[pieces, 10]
```

```
{{4}, <<2093>> ,{0,0,0,0,0,0,0,0,0,0,0,0,0,0,0,0,0,0,0,0,0,0,0,0,0,0,0,0,0,0,0,0,0,0,0,0,0,0,0,0,0,0,0,0,0,0,0,0,
0,0,0,0,0,0,0,0,0,0,0,0,0,0,0,0,0,0,0,0,0,0,0,0,0,0,0,0,0,0,0,0,0,0,0,0,0,0,0,0,0,0,0,0,0,0, <<75>> ,0,0,0,0,0,0,0,0,0,
0,0,0,0,0,0,0,0,0,0,0,0,0,0,0,0,0,0,0,0,0,0,0,0,0,0,0,0,0,0,0,0,0,0,0,0,0,0,0,0,0,0,0,0,0,0,0,0,0,0,0,0,0,0,0,0,0,0
,0,0,0,0,0,0,0,0,0,0,0,0,0,0,0,0,0,0,0,0,0,0,0}}
```

당연히, 위의 결과에서 맨 마지막 묶음이 구하는 0 의 묶음이다.

```
Length[pieces[[-1]]]
```

```
249
```

기본함수, Split 은 쓸모가 많은 함수로 만일 원소를 오름차순으로 묶고 싶다면 다음과 같이 묶음을 하는 조건을 주면 된다.

```
Split[{2, 1, 3, 5, 4}, #1 <= #2 & ]
```

```
{{2}, {1, 3, 5}, {4}}
```

자연수, 1000!이 절대적으로 큰 수라는 것은 분명한데 사람의 느낌이란 원래 상대적인 것이어서 피부로 느끼기에는 부족할지 모른다는 생각이 들어, 1000!의 수와 우주의 나이를 초단위로 계산하여 비교하여 보자.

이제 우주의 나이가 몇 초인가를 알아보고, 그리고, 그것을 팩토리얼로 바꾸어 보자.

우주의 나이는 매스매티카 패키지에 상수, AgeOf Universe 로 저장되어있어 그대로 불러오면 되고, 이것을 팩토리얼로 바꾸는 것은 스털링의 공식, $n! \sim n^n e^{-n} \sqrt{2\pi n}$ 을 사용한다.

```
<< Miscellaneous`
AgeOfUniverse
```

$4.7 \times 10^{17}$ Second

$$\texttt{stirling[n\_] = N[} \frac{n^n \sqrt{2 \pi n}}{e^n} \texttt{];}$$

실제의 n!과 스털링의 근사값을 비교하여보면 서로 크기가 비슷하다는 것을 알 수 있다.

```
tbl = Table[{n!, stirling[n]}, {n, 5, 10}]; TableForm[tbl]
```

| | |
|---|---|
| 120 | 118.019 |
| 720 | 710.078 |
| 5040 | 4980.4 |
| 40320 | 39902.4 |
| 362880 | 359537. |
| 3628800 | $3.5987 \times 10^6$ |

이제 두 수를 서로 나눈 값이 1 로 수렴하는지 계산하여 보기위해, 서로의 비율을 계산한다.

```
{a, b} = Transpose[tbl]
```

{{120 , 720 , 5040 , 40320 , 362880 , 3628800 },
{118.019 , 710.078 , 4980.4 , 39902.4 , 359537. , $3.5987 \times 10^6$}}

```
ratio = b/a
```

{0.983493, 0.98622, 0.988174, 0.989643, 0.990787, 0.991704}

실제값과 근사값의 비율이 1 로 접근하는 것을 기본함수, SequenceLimit 을 사용하여 알 수 있다.

```
SequenceLimit[ratio]
```

0.99705

서로의 비율이 1 로 수렴하는 것은 그래프로 알 수 있다.

```
ListPlot[ratio, PlotJoined -> True, Frame -> True]
```

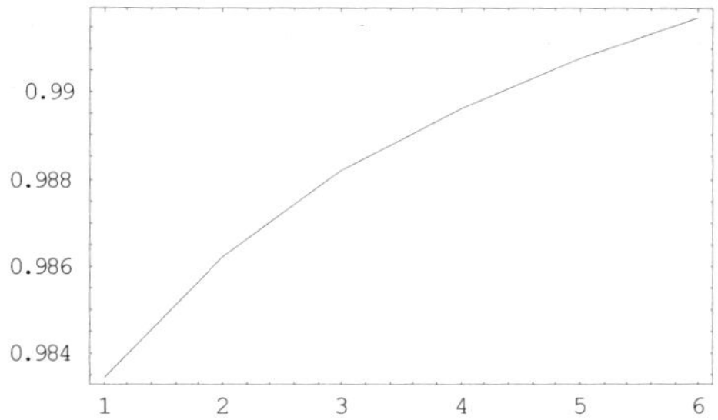


이제 그래프를 그려 우주의 나이, $4.7 \times 10^{17}$ 초를 몇 팩토리얼 정도가 될까 어림하기 위해 다음과 같은 그래프를 그려본다.

```
Plot[stirling[n], {n, 17, 19.5}, PlotRange -> All, GridLines -> {None, {4.7 10^17}}]
```

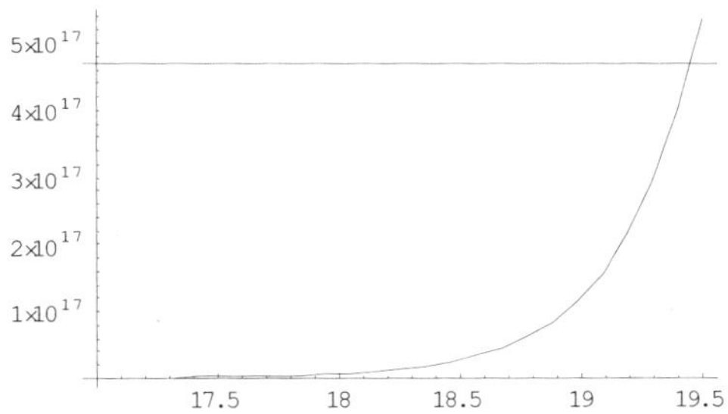


기본함수, FindRoot 를 이용하여 두 개의 그래프가 만나는 점을 찾으면 우주의 나이를 팩토리얼로 바꿀 수 있다.

```
sol = FindRoot[stirling[n] == 4.7 10^17, {n, 15, 20}]
FindRoot::frmp: Machine precision is insufficient to achieve the accuracy 1.0536712127723519^-8.
{n -> 19.4547}
```

위에서 구한 값, 19.4547!을 구해본다.

```
ans = n /. sol
19.4547
```

```
ans!
```

$4.72017 \times 10^{17}$

보통의 경우 자연수의 팩토리얼에만 익숙해져 있어 소수점의 팩토리얼을 어려워할 수 있겠다. 팩토리얼은 감마함수, $\Gamma(z)=\int_0^\infty t^{z-1}e^{-t}dt=(z-1)!$로 정의되어 소수점의 팩토리얼을 구할 수 있다.

```
Gamma[20.4547]
  4.72017 ×10^17
```

결론적으로 우주의 나이는 20!초도 되지 않는 작은 수가 되니 1000!이라는 수는 감히 짐작할 수 없을 정도로 큰 수이다.

## 스털링의 제 2 수

[정의]

원소의 개수가 n 인 집합을 k 개의 부분집합으로 나눌 때, 각각의 부분집합이 적어도 한 개 이상의 원소를 가지는 조건을 만족시키는 경우의 수를 스털링의 제 2 수라하며, $\begin{Bmatrix} n \\ k \end{Bmatrix}$로 표기한다.

[정리]

$$\begin{Bmatrix} n \\ k \end{Bmatrix}=\begin{Bmatrix} n-1 \\ k-1 \end{Bmatrix}+k\begin{Bmatrix} n-1 \\ k \end{Bmatrix},\ \begin{Bmatrix} n \\ 1 \end{Bmatrix}=\begin{Bmatrix} n \\ n \end{Bmatrix}=1$$

[설명]

집합, {1, 2, …, n}을 $k$ 개의 묶음으로 나누는 방법의 가지수는 다음의 두 가지 경우로 나누어 생각할 수 있다.

(1) 원소 1 이 홀로 있는 경우

이 경우에서의 묶음의 모양은 {{1}, *** }의 꼴로 되어 n-1 개의 원소를 k-1 개의 묶음으로 넣는 경우, 즉, $\begin{Bmatrix} n-1 \\ k-1 \end{Bmatrix}$ 이 된다.

(2) 원소 1 이 다른 원소와 공유하는 경우

이 경우는 n-1 개의 원소를 k 개의 묶음으로 만드는 경우로 일단

$\left\{ \begin{matrix} n-1 \\ k \end{matrix} \right\}$ 개의 묶음에 원소 1 을 끼워 넣어서 k 개의 묶음으로 만든다.

위의 두 경우를 더하면 스털링의 제 2 수 관계식이 성립된다.
위의 설명과 같은 방법으로 주어진 집합을 분할하는 함수를 만들 수 있다.

```
stirling2nd[{}, k_Integer] := {{}} /; Length[l] == 0
stirling2nd[l_List, 1] := {{l}}
stirling2nd[l_List, k_Integer] := {Partition[l, 1]} /; k == Length[l]
stirling2nd[l_List, k_Integer] := {{}} /; k > Length[l]
stirling2nd[l_List, k_Integer] :=
        Module[{i}, Join[Flatten[(Table[Insert[#1, First[l], {i, 1}], {i, k}] &)
                /@ stirling2nd[Rest[l], k], 1],
                (Prepend[#1, {First[l]}] &) /@ stirling2nd[Rest[l], k - 1]]]
```

이렇게 정의한 함수 stirling2nd 를 이용하여 집합, {a, b, c, d}를 적어도 하나의 원소가 들어 있는 두 개의 묶음으로 나누는 경우는 다음과 같다.

```
stirling2nd[{a, b, c, d}, 2]
 {{{a, b, c}, {d}}, {{b, c}, {a, d}}, {{a, c}, {b, d}}, {{c}, {a, b, d}}, {{a, b}, {c, d}}, {{b}, {a, c, d}}, {{a}, {b, c, d}}}
```

일반적으로 주어진 집합을 분할하는 함수는 매스매티카의 프로그램에서 중요하며, 이 함수 역시 여러 가지 응용에 많이 활용된다. 하나의 예로 이 사용자 함수를 이용하여 전사함수(onto)를 만드는 과정을 공부하여 보기로 하자.

전사함수를 만드는 방법을 쉽게 요약하면, 함수의 관계에 있어 왼편을 오른편의 개수와 같게 분할하여 각각의 분할을 오른편과 연결시켜 만든다.

정의역의 원소의 개수가 4 이고 치역의 원소의 개수가 3 인 함수 중 cnto 함수의 개수를 구하는 것은 정의역을 세 개의 묶음으로 나누는 방법을 매스매티카 패키지 함수를 이용하여 StirlingS2[4, 3]가지의 방법으로 구할 수 있으며, 여기에 각각의 묶음이 치역의 원소로 가는 함수의 개수 3!을 곱한 것과 같다. 즉, 3!StirlingS2[4, 3]개의 함수를 만든다.

위의 전사함수를 실제로 구성하여 보려면 다음과 같이 MapThread 와 Distribute 를 사용하여 간단히 구현해볼 수 있다.

```
mapping[domain_List, codomain_List] :=
    Flatten[MapThread[ Distribute[{#1, #2}, List] &, {domain, codomain}], 1]
```

```
grouping = stirling2nd[{1, 2, 3, 4}, 3]
{{{1, 2}, {3}, {4}}, {{2}, {1, 3}, {4}}, {{2}, {3}, {1, 4}}, {{1}, {2, 3}, {4}}, {{1}, {3}, {2, 4}}, {{1}, {2}, {3, 4}}}
```

3!에 해당하는 부분으로 이제 각각의 부분집합과 치역을 연결하여 주면 된다.

```
perm = Permutations[{1, 2, 3}]
{{1,2,3}, {1,3,2}, {2,1,3}, {2,3,1}, {3,1,2}, {3,2,1}}
```

이제 함수를 순서쌍으로 표시하여 본다.

```
onto = Table[mapping[#, Transpose[{perm[[i]]}]]& /@ grouping, {i, 6 }] //Flatten[#,
1]&
```

실제로 집합, {1, 2, 3, 4, 5}를 세 묶음 하는 것은 이미 함수의 의미가 내재되어있다. 그것은 다음과 같이 묶음에 번호를 붙여보면 쉽게 이해할 수 있다.

```
size3 = stirling2nd[{1, 2, 3, 4, 5}, 3];
indexed = MapIndexed[List,#]&/@ size3;
Map[Subscripted[#1[Sequence@@#2]]&@@#&, indexed, {2}]
{{{1, 2, 3}_1, {4}_2, {5}_3}, {{2, 3}_1, {1, 4}_2, {5}_3}, {{2, 3}_1, {4}_2, {1, 5}_3},
 {{1, 3}_1, {2, 4}_2, {5}_3}, {{3}_1, {1, 2, 4}_2, {5}_3}, {{3}_1, {2, 4}_2, {1, 5}_3},
 {{1, 3}_1, {4}_2, {2, 5}_3}, {{3}_1, {1, 4}_2, {2, 5}_3}, {{3}_1, {4}_2, {1, 2, 5}_3},
 {{1, 2}_1, {3, 4}_2, {5}_3}, {{2}_1, {1, 3, 4}_2, {5}_3}, {{2}_1, {3, 4}_2, {1, 5}_3}, {{1, 2}_1, {4}_2, {3, 5}_3},
 {{2}_1, {1, 4}_2, {3, 5}_3}, {{2}_1, {4}_2, {1, 3, 5}_3}, {{1, 2}_1, {3}_2, {4, 5}_3}, {{2}_1, {1, 3}_2, {4, 5}_3},
 {{2}_1, {3}_2, {1, 4, 5}_3}, {{1}_1, {2, 3, 4}_2, {5}_3}, {{1}_1, {3, 4}_2, {2, 5}_3}, {{1}_1, {2, 4}_2, {3, 5}_3},
 {{1}_1, {4}_2, {2, 3, 5}_3}, {{1}_1, {2, 3}_2, {4, 5}_3}, {{1}_1, {3}_2, {2, 4, 5}_3}, {{1}_1, {2}_2, {3, 4, 5}_3}}
```

Onto 함수를 매스매티카의 패턴매칭 기능을 이용한 방법으로 이해하여 보자.

```
groups = stirling2nd[Range[5], 3]
```

이중에서 묶음이 {1 개짜리, 1 개짜리, 3 개짜리}의 모양으로 된 것은 몇 개인가를 알아보자.

```
Cases[groups, {{_}, {_}, {_, _, _}}]
{{{3}, {4}, {1,2,5}}, {{2}, {4}, {1,3,5}}, {{2}, {3}, {1,4,5}}, {{1}, {4}, {2,3,5}}, {{1}, {3}, {2,4,5}}, {{1}, {2},
{3,4,5}}}
```

위에서 각각의 묶음을 구별할 경우 $\frac{5!}{1!\,1!\,3!}$ 의 경우의 수가 나온다.

```
Multinomial[1, 1, 3]
20
```

또 다른 묶음의 유형이 있는지 살펴보기로 하자.

```
Cases[groups, {{_}, {_, _}, {_, _}}]
{{{3}, {2,4}, {1,5}}, {{3}, {1,4}, {2,5}}, {{2}, {3,4}, {1,5}}, {{2}, {1,4}, {3,5}}, {{2}, {1,3}, {4,5}}, {{1}, {3,4},
{2,5}}, {{1}, {2,4}, {3,5}}, {{1}, {2,3}, {4,5}}}
```

```
Cases[groups, {{_}, {_, _, _}, {_}}]
{{{3}, {1,2,4}, {5}}, {{2}, {1,3,4}, {5}}, {{1}, {2,3,4}, {5}}}
```

이와 같이 다음의 경우에도 계속 적용시켜 onto 함수를 모두 밝혀낼 수 있다.

```
Cases[groups, {{_, _}, {_}, {_, _}}]
Cases[groups, {{_, _}, {_, _}, {_}}]
Cases[groups, {{_, _, _}, {_}, {_}}]
```

이제 전사함수 $f: X \to Y, |X| = m, |Y| = n$ 의 개수는 다음식으로 표현된다.

$$\sum_{\substack{k_i \ge 1, i=1\cdots n \\ k_1+k_2+\cdots+k_m=n}} \frac{n!}{k_1!k_2!\cdots k_m!}$$

그러므로, 전사함수의 개수를 구하는 문제는 $k_1 + k_2 + \cdots + k_m = n,\ k_i \ge 1,\ i = 1, \cdots, n$ 의 근을 구하는 문제로 된다.

이제 위의 onto 함수의 문제로 돌아가서, 우선 $x_1 + x_2 + x_3 = 5,\ x_i \ge 1$ 과 같은 형태로 주어지는 방정식의 해를 구해야 한다. 방정식의 해의 개수를 구하는 문제는 이 장의 뒷 부분에 가서 자세히 설명하겠으나, 위의 문제의 경우 매스매티카 패키지 명령어, Compositions 으로 간단히 해결된다.

```
Compositions[2, 3]
 {{0, 0, 2}, {0, 1, 1}, {0, 2, 0}, {1, 0, 1}, {1, 1, 0}, {2, 0, 0}}

Compositions[2, 3] + 1
 {{1, 1, 3}, {1, 2, 2}, {1, 3, 1}, {2, 1, 2}, {2, 2, 1}, {3, 1, 1}}
```

그리고, 위의 결과를 이용하여 단순하게 위의 onto 함수의 개수를 구하는 문제는 기본함수, Multinomial 을 이용하면 간단히 해결된다.

```
Multinomial@@#& /@ %
 {20, 30, 20, 30, 30, 20}

Plus@@%
 150
```

다시 위의 결과를 기본함수, StirlingS2 를 이용하여 확인할 수 있다.

```
3! StirlingS2[5, 3]
 150
```

## 벨의 수

집합의 분할의 문제는 수학에서 equivalence relation 의 문제와 연결되는 매우 중요한 수학적 개념이다. 원소의 개수가 n 인 집합을 분할하는 모든 경우 앞에서 설명한 스털링의 제 2 수를 사용하여 구할 수 있으나, 이러한 방법은 분할의 개수로 0 에서 n 까지 모든 분할된 경우를 합해야 하므로 간결한 맛이 부족하다.

대신 벨의 수를 이용하면 모든 집합의 분할의 경우를 한번의 프로세스로 구할 수 있어 간결하고, 또, 효율적이다.

[정리]
위에 정의한 분할의 방법의 가지 수를 벨의 수, $B_n$ 라 정의하면 다음의 점화식이 성립한다.

$$B_n = \sum_{i=0}^{n-1} \binom{n-1}{i} B_i$$

[설명]
위의 점화식은 스털링의 제 2 수를 계산할 때와 유사한 방법으로 다음과 같이 여러 경우로 나누어 설명할 수 있다.

(1) 원소, 1 이 혼자 있는 경우, 즉, 분할이 {{1}, {…}}의 패턴인 경우의 수는 원소, 1 의 공유 원소를 찾는 방법의 가지수, $\binom{n-1}{0}$ 과 나머지 n-1 개의 원소를 분할하는 방법의 가지수, $B_{n-1}$ 의 곱, 즉, $\binom{n-1}{0} B_{n-1}$ 이 된다.

이와 마찬가지 과정을 나머지 다른 경우에 적용해 나가면,

(2) 원소, 1 이 다른 하나의 원소와 공유하는 경우, 즉, {{1,*}, {…}} 모양인 경우 $\binom{n-1}{1} B_{n-2}$ 가 된다.

(3) 원소, 1 이 다른 두 원소와 공유하는 경우, 즉, {{1,*,*}, {…}}모양인 경우 $\binom{n-1}{2} B_{n-3}$ 이 된다.

⋮

(n) 원소, 1 이 n-1 개의 다른 원소와 공유하는 경우, 즉, {{1, 2, 3, … }}의 모양인 경우 $\binom{n-1}{n-1} B_0$ 가 된다.

이제 위의 경우를 모두 더하면 벨의 수에 관한 점화식을 얻는다. 그리고, 이 점화식을 생성함수(generating function)를 이용하여 닫힌 형태로 풀어서 나타내면

$$B_n = \frac{1}{e}\sum_{i=0}^{\infty}\frac{i^n}{i!}$$

와 같이 나타낼 수 있다. 이에 대한 자세한 설명은 생략하도록 한다.

분할의 방법은 다음의 수식으로도 표현할 수 있으며, 이제 이 수식의 의미를 매스매티카를 이용하여 구해보기로 하자.

$$B_n = \sum_{\substack{k_i \geq 0, i=1\cdots n \\ k_1+2k_2+\cdots+nk_n=n}} \frac{n!}{k_1!k_2!\cdots k_n!(1!)^{k_1}(2!)^{k_2}\cdots(n!)^{k_n}}$$

우선 양의 정수, 4 를 가장 큰 수가 4 인 양의 정수의 합으로 표현하여 보자.

```
Partitions[4, 4]
  {{4}, {3, 1}, {2, 2}, {2, 1, 1}, {1, 1, 1, 1}}
```

이제 방정식, $k_1 + 2k_2 + \cdots + nk_n = n$ 의 해를 구할 수 있다.

```
freq = Table[Count[#, i], {i, 4}]&/@%
  {{0, 0, 0, 1}, {1, 0, 1, 0}, {0, 2, 0, 0}, {2, 1, 0, 0}, {4, 0, 0, 0}}
```

그렇게 구한 값을 수식,

$$\frac{n!}{k_1!k_2!\cdots k_n!(1!)^{k_1}(2!)^{k_2}\cdots(n!)^{k_n}}$$

에 대입하여 모두 더하면 우리가 찾는 분할의 가지수를 얻을 수 있다.

```
4!/Product[#[[i]]! i!^#[[i]], {i, Length[#]}] &/@freq
  {1, 4, 3, 6, 1}
Plus@@%
  15
```

이제 위에 주어진 벨의 수 점화식의 내용을 매스매티카 언어를 사용하여 집합의 분할을 구하는 프로그램을 완성할 수 있다.

```
BellNumber[{}]: = {{}}
BellNumber[{a_}]: = {{{a}}}
BellNumber[l_List]: = Module[{i, n = Length[l]},
     (FlattenAt[#1, 2]&) /@ Flatten[Table[(Distribute[{{Flatten[{First[l], #1}]},
```

```
        BellNumber[Complement[Rest[l], #1]]}, List]&) /@
                KSubsets [Rest[l], i], {i, 0, n-1}], 2]]
```

위의 프로그램을 이용하여 원소의 수가 4 인 집합의 분할은 다음과 같이 구할 수 있다.

```
BellNumber[{1, 2, 3, 4}]
```

```
{{{1}, {2}, {3}, {4}}, {{1}, {2}, {3,4}}, {{1}, {2,3}, {4}}, {{1}, {2,4}, {3}}, {{1}, {2,3,4}}, {{1,2}, {3}, {4}}, {{1,2}, {3,4}}, {{1,3}, {2}, {4}}, {{1,3}, {2,4}}, {{1,4}, {2}, {3}}, {{1,4}, {2,3}}, {{1,2,3}, {4}}, {{1,2,4}, {3}}, {{1,3,4}, {2}}, {{1,2,3,4}}}
```

## 스털링의 제 1 수

주어진 순열을 사이클구조로 바꾸는 방법으로 매스매티카 패키지 함수, ToCycles 를 이용하는 방법이 있다. 이것을 사용하여 크기가 2 인 사이클이 있는 경우만을 고르는 예는 다음과 같다.

집합, {1, 2, 3, 4}를 가지고 만드는 4!개의 모든 순열을 사이클 구조로 바꾼다.

```
allcycs = ToCycles/@Permutations[{1, 2, 3, 4}]
```

이렇게해서 만들어진 사이클의 개수가 2 인 것만 고른다

```
Select[allcycs, Length[#] == 2&]
```

```
{{{1}, {3,4,2}}, {{1}, {4,3,2}}, {{2,1}, {4,3}}, {{2,3,1}, {4}}, {{2,4,1}, {3}}, {{3,2,1}, {4}}, {{3,4,1}, {2}}, {{3,1}, {4,2}}, {{4,2,1}, {3}}, {{4,3,1}, {2}}, {{4,1}, {3,2}}
```

이러한 방법을 사용하여 원하는 개수의 사이클을 구하는 방법은 모든 경우에서 원하는 조건을 만족시키지 않는 경우를 삭제하는 것으로 효율적이지 못하다. 이러한 문제를 해결하는 방법으로 사이클 구조를 직접적으로 구하는 효율적인 알고리즘으로는 스털링의 제 1 수가 있다.

[정의]
크기가 n 인 수의 순열 중 k 개의 사이클로 표현되는 순열의 수를 스털링의 제 1 수 라 하며 $\begin{bmatrix} n \\ k \end{bmatrix}$ 로 표기한다.

[정리]

스털링의 제 1 수에는 다음의 관계식이 성립한다.

$$\begin{bmatrix} n \\ k \end{bmatrix} = (n-1)\begin{bmatrix} n-1 \\ k \end{bmatrix} + \begin{bmatrix} n-1 \\ k-1 \end{bmatrix}, \begin{bmatrix} n \\ 0 \end{bmatrix} = 0, \begin{bmatrix} n \\ n \end{bmatrix} = 1$$

[설명]

위의 관계식은 다음과 같이 간단히 증명할 수 있다. 집합, {1, 2, 3, ..., n}으로 만드는 $n!$개의 순열 중 $k$ 개의 사이클을 가지는 경우는 다음의 두 가지 경우로 나누어 생각할 수 있다.

(1) 원소 1 이 주어진 궤도를 혼자 도는 경우

다시 말해, 주어진 순열을 사이클로 바꾸었을 때 {{1}, *** }의 모양이 되는 경우

이 경우는 나머지 $n$-1 개의 원소를 가지고 $k$-1 개의 사이클을 만드는 경우의 수, 즉, $\begin{bmatrix} n-1 \\ k-1 \end{bmatrix}$이 된다.

(2) 원소 1 이 주어진 궤도를 다른 원소와 함께 도는 경우, 예를 들어 {{*,1,*,*}, *** }와 같은 경우는 우선 n-1 개의 원소를 가지고 k 개의 사이클을 만들고, 사이에 원소 1 을 n-1 자리에 끼워 넣는 경우의수로 $(n-1)\begin{bmatrix} n-1 \\ k \end{bmatrix}$이 된다.

예를 들어, 순열이 {{2, 3, 7}, {4, 6}, {5, 8, 9}}의 형태의 사이클로 나누어지면 여기에 {{↓2, ↓3, ↓7}, {↓4, ↓6}, {↓5, ↓8, ↓9}}와 같이 화살표 위치에 원소 1 을 한번씩 끼워 넣을 수 있다. 이와 같은 방법을 따라 $n!$ 개의 순열 중 $k$ 개의 사이클을 만드는 프로그램은 다음과 같다.

```
stirling1st[{}, k_Integer] := {{}}
stirling1st[l_List, 0] := {}
stirling1st[l_List, k_Integer] := {Partition[l, 1]} /; k == Length[l]
stirling1st[l_List, k_Integer] := {{}} /; k > Length[l]
stirling1st[l_List, k_Integer] := Module[{i}, Join[Flatten[
   (Table[Insert[#1, First[l], {i, j}], {i, k}, {j, Length[#1[[i]]]}] & ) /@
    stirling1st[Rest[l], k], 2], (Prepend[#1, {First[l]}] & ) /@
    stirling1st[Rest[l], k - 1]]]
```

위의 함수를 이용하여 5! 개의 순열에서 크기가 2 인 사이클이 있는 경우를 모두 열거하면 다음과 같다.

```
cyc = stirling1st[{a, b, c, d}, 2]
```

```
{{{a, b, c}, {d}}, {{b, a, c}, {d}}, {{b, c}, {a, d}}, {{a, c}, {b, d}}, {{c}, {a, b, d}}, {{c}, {b, a, d}}, {{a, b}, {c, d}},
{{b}, {a, c, d}}, {{b}, {c, a, d}}, {{a}, {b, c, d}}, {{a}, {c, b, d}}}
```

## 엇갈림의 가지수

[정의]
순열의 문제 중 특이한 경우로 엇갈림을 들 수 있다. 여기서 말하는 엇갈림이란, 예를 들어 *n* 명이 우산을 들고 방으로 들어와 임의로 우산을 집어 방을 나갈 때 모두 남의 우산을 들고 나가는 경우, 그리고, *n* 개의 편지를 *n* 개의 주소가 적힌 봉투에 임의로 넣을 때 모두 주소가 틀리게 넣어지는 경우와 같이 모두 자기 자리를 벗어나는 순열 문제를 엇갈림(derangement 혹은 problem de rencontre)이라 한다.

[정리]
원소의 개수가 n 인 순열의 엇갈림을 $D_n$ 이라 하면 다음의 관계식이 성립하고,

$$D_n = (n-1)(D_{n-1} + D_{n-2}), D(1) = 0, D(2) = 1,$$

$$D(n) = nD(n-1) + (-1)^n$$

와 같이 닫힌 꼴로 표현된다.

[설명]
숫자의 집합, {1, 2, 3, ..., n}의 순열 중 엇갈림이 일어났다면 분명히 원소, 1 이 위치가 처음이 아닌 다른 위치로 갔을 것이다. 그리고, 그것은 다음 두 가지의 경우 중 하나일 것이다.

(1) 원소 1 과 3 이 서로 자리를 바꾸었을 경우
이 경우 순열은 3*1**…* 의 모양이므로 나머지 n-2 개의 원소가 제자리에 들어가지 않는 경우의 수가 되므로 $D_{n-2}$ 가 된다.

(2) 원소 1 과 3 이 서로 자리를 바꾸지 않았을 경우

즉, 셋째 자리에 1 이 나오지 않는 경우, 이것은 n-1 개의 원소{2, 1, 3, ..., n}이 제자리로 가지 않는 경우와 같으므로 경우의 수는 $D_{n-1}$ 이 된다.

그런데, 위에서의 3 에는 1 을 제외한 2 에서 *n* 까지 *n*-1 개의 수가 올 수 있으므로 위의 점화 관계식이 성립한다.

이제 *n* 개의 원소로 이루어진 순열 중 엇갈림이 일어나는 모든 순열을 구현하는 방법을 생각하여 보기로 하자.

우선 매스매티카의 패키지 함수를 가지고 이 문제를 해결하는 방법을 이용하는 예로, 집합, {1, 2, 3, 4}의 모든 순열에서 모든 원소가 자기자리를 찾지 못한 것만을 고르는 방법을 구하는 경우, 우선 4!개의 모든 순열을 만들어 놓고 그 중에서 DerangementQ 를 이용하여 모두 엇갈린 순열을 고른다.

```
Select[Permutations[{1, 2, 3, 4}], DerangementQ]
 {{2, 1, 4, 3}, {2, 3, 4, 1}, {2, 4, 1, 3}, {3, 1, 4, 2}, {3, 4, 1, 2}, {3, 4, 2, 1}, {4, 1, 2, 3}, {4, 3, 1, 2}, {4, 3,
 2, 1}}
```

이것은 앞에서 ToCycles 의 경우처럼 모든 경우를 만들어 놓은 후 주어진 조건을 만족시키는 것 만을 고르는 방법으로 역시 효율적인 방법이 못된다. 대신 위의 점화식을 이용하여 *n* 개의 원소로 이루어진 순열 중 엇갈림이 일어나는 모든 순열을 구현하는 방법이 있다.

```
rencontre[{a_}] := {}
rencontre[{a_, b_}] := {{b, a}}
rencontre[l_List] :=
Module[{i, n = Length[l]},
Join @@ Table[Join[(Prepend[#1, l[[i]]] & ) /@ (Insert[#1, First[l], {i - 1}] & ) /@
   rencontre[Delete[l, {{1}, {i}}]],
    (Prepend[#1, l[[i]]] & ) /@
   rencontre[Insert[Delete[l, {{1}, {i}}], First[l], {i - 1}]]], {i, 2, n}]]
```

여기서 rencontre 는 불어로 영어의 derangement 와 함께 보편적으로 쓰인다. 위의 함수를 이용하여 네 개의 원소로 만드는 순열에서 derangement 가 일어나는 경우를 골라보면 다음과 같다.

```
deranged=rencontre[{1, 2, 3, 4}]
  {{2,1,4,3}, {2,3,4,1}, {2,4,1,3}, {3,4,1,2}, {3,1,4,2}, {3,4,2,1}, {4,3,2,1}, {4,3,1,2}, {4,1,2,3}}
```

위의 결과가 맞는지 확인하는 방법으로 다음과 같이 실험해볼 수 있으며 이것은 매스매티카의 테크닉을 배우는 흥미로운 작업이 될 것이다.

```
And@@MapThread[#1=!=#2&, {#, Range[Length[#]]}]& /@ deranged
  {True,True,True,True,True,True,True,True,True}
```

마지막으로 위의 결과는 생성함수의 개념을 이용하여 다항식의 곱으로도 해결할 수 있다.

함수 $X$를 $X=(1-X_1)(2-X_2)\cdots(n-X_n)$ 과 같이 정의할 때 변수, $X_1, X_2, \cdots, X_n$ 이 각각 1, 2, …, n 과 모두 다른 값을 가질 때 함수값이 0 이 아닌 값을 가진다.

한편, 이 수식을 모두 전개하면 inclusion-exclusion principle 의 모양이 되어 문제 해결은 생성함수를 이용하는 모양이지만 실제 밑에 깔려있는 아이디어는 inclusion-exclusion principle 이라 말할 수 있다.

$X=(1-X_1)(2-X_2)\cdots(n-X_n)$ 를 만들어 각각의 순열의 원소의 값을 대입한다.

```
indicator = Product[i - x[i], {i, 1, 5}]
  (1 - x[1]) (2 - x[2]) (3 - x[3]) (4 - x[4]) (5 - x[5])

perm = Permutations[{1, 2, 3, 4, 5}];

vars = Array[x, {5}]
  {x[1], x[2], x[3], x[4], x[5]}

tf = indicator /. Thread[ vars -> # ]& /@ perm
```

```
{0, 0, 0, 0, 0, 0, 0, 0, 0, 0, 0, 0, 0, 0, 0, 0, 0, 0, 0, 0, 0, 0, 0, 0, 0, 0, -2, 2, 0, 0, -2, 0, 4, -6, 0, 0, -8, 0, 0,
-24, -16, 6, 0, 0, 0, -18, -12, 0, 2, 0, -6, 8, 0, 0, 0, 0, 0, 0, 0, -24, 0, -16, -72, -64, 24, 0, 18,0, -54, -48,
0, 6, 0, 0, 24, 18, 0, 0, 0, 0, 0, 0, 0, -18, 0, -12, -54, -48, 72, 54, 54, 36, 0, 0, -4, 0, 0. 0, 16, 12, 0, 0, 0, 0,
0, 0, 16, 0, 12, 0, -36, -32, 64, 48, 48, 32,0, 0}
```

위의 결과에서 0 이 아닌 원소의 개수를 찾으면 그것이 바로 엇갈림의 개수가 된다.

```
Length[ Select[ tf, # != 0&]]
44
```

## 카탈란의 수

이 책에서 다루는 경우의 수를 세는 문제는 모두 하나같이 의미가 있고 중요한 것이나, 그래도 이 중에서 내용적으로 가장 깊은 것을 하나 고르라면 카탈란의 수(Catalan number)를 들 수 있겠다. 그러한 이유는 앞으로 차차 설명이 되겠지만, 우리 일상에서 일어나는 다양한 형태의 문제에는 카탈란의 수의 개념이 들어가 있기 때문이다.

다음의 문제는 서로가 구조적으로 동일하며, 서로의 논리적 구조를 비교하는 것은 흥미로운 일이 되겠다.

(1) 모든 $n$ 개의 왼편과 $n$ 개의 오른편 괄호를 가지고 만들 수 있는 괄호식 중 올바른 괄호식의 개수
(2) 모두 $2n$ 명의 사람이 오천 원짜리 영화를 구경하기 위하여 $n$ 명은 오천 원권을, 나머지 $n$ 명은 만 원권을 들고 줄을 서 있다. 이때 처음부터 거스름 돈을 준비하지 않은 매표원이 거스름 돈의 문제 없이 모든 사람에게 표를 팔 수 있는 경우의 수
(3) 모두 $n$ 개의 자동차가 골목길 주차장으로 들어가서 나올 때 생길 수 있는 자동차의 순서의 가지수
(4) $n$ 개의 vertex 를 가지고 만드는 이진트리의 개수
(5) 모두 $n$+2 다각형을 n 개의 삼각형으로 분할하는 경우의 수
이제 위에 열거한 경우의 논리적 구조를 살펴보고 서로의 연관성을 알아보기로 하자.

# 바른 괄호식 문제

[정리]

모두 n 개의 왼편과 n 개의 오른편 괄호를 가지고 만들 수 있는 올바른 괄호식 (legal expression)의 개수는 $\frac{1}{n+1}\binom{2n}{n}$ 이다.

[설명]

$n$+1 개의 오른편 괄호와 $n$-1 개의 왼편 괄호를 가지고 만들 수 있는 모든 괄호식과, $n$ 개의 왼편괄호와 $n$ 개의 오른편 괄호를 가지고 만들 수 있는 모든 틀린 괄호식 사이에는 1-1 대응 관계가 있다. 그러므로, 2$n$ 개의 괄호로 만들 수 있는 모든 바른 괄호식의 개수는 모든 괄호식의 가지수, $\binom{2n}{n}$ 에서 틀린 괄호식의 가지수, $\binom{2n}{n+1}$ 을 뺀 나머지인 $\frac{1}{n+1}\binom{2n}{n}$ 가 된다.

이와같은 설명이 금방 이해 가기에 쉽지만은 않을 것이다. 그러한 이유는 위의 정리의 바탕에는 가지수를 세는 중요한 기본기술의 하나인 반사원칙, reflection principle 이 있어 그러할 것이다.

이 개념은 보통 이것을 처음 접하는 학생들이 이해에 어려움을 겪는 부분이기도 하며, 앞으로 이에 대해 매스매티카를 이용하여 실험적으로 이해하는 것이 쉽고 확실한 방법을 소개하기로 하자.

이제 위의 사실을 실험적으로 이해하기 위하여 극장 앞에 사람들이 오천 원권 혹은 만 원권을 들고 한 줄로 늘어서있는 경우, 마찬가지로 괄호식에서의 왼편 괄호와 오른편 괄호를 1 과 -1 로 놓고 마구 섞는 경우를 만들어보자.

함수, randperm 은 주어진 집합을 임의의 순서로 섞는 방법으로 다음과 같이 구현할 수 있다.

오른편 괄호, 왼편괄호 각각 다섯 개씩 모두 열 개의 괄호를 마련한다.

```
parens = Join[Table[1,{5}], Table[-1,{5}]]
 {1, 1, 1, 1, 1, -1, -1, -1, -1, -1}
```

위의 괄호를 임의로 섞는다.

```
randomQueue:=parens[[RandomPermutation[10]]]
 {-1,-1,1,1,-1,1,-1,1,-1,1}
```

우선 매표원이 거스름돈이 떨어지지 않는 경우인지, 마찬가지로 주어진 괄호식이 바른 괄호식인지를 알아보는 함수가 필요하다.

주어진 queue 의 원소를 모두 더하여 1 이 된 다음, 즉, 오천 원짜리가 모자란 경우를 찾는 방법을 생각할 수 있다.

```
legalQ[q_List] := !MemberQ[FoldList[Plus, 0, q],1]
```

위의 방법이 다소 효율성이 떨어진다면 기본함수, Scan 을 이용하여 대신 괄호식이 잘못된 순간에 프로그램을 마치게 하는 방법을 생각할 수 있을 것이다.

```
legalCHECK[queue_List] := Module[{checksum = 0, flag = True, pos = 0},
     Scan[If[checksum <= 0, (checksum += #; pos++),
     Return[flag = False]] &, queue];
     {flag, pos}]

randomqueue
 {-1,-1,-1,1,1,-1,1,1,-1,1}
```

다섯 개씩의 왼편, 오른편 괄호를 가지고 만들 수 있는 모든 괄호식을 구한다.

```
(totalspace = DistinctPermutations[parens])//Short
 {{-1, -1, -1, -1, -1, 1, 1, 1, 1, 1}, <<251>>}
```

이것을 섞어 서로 다른 모양이 나오는 가지수는 252 이다.

```
Length[totalspace] == Multinomial[5, 5]
 True
```

위와 같이 하여 임의의 순열을 이용하여 그것의 확률을 구할 수 있고, 혹은 다음과 같이 전체의 경우(total space)를 열거하여 바른 괄호식 만을 골라볼 수 있다. 물론 이것을 이용하여 모든 바른 괄호식을 열거하여볼 수 있다. 총 252 개의 괄호식 중 옳은 것만을 고른다.

```
(legalParen = Select[totalspace, legalQ])//Short
 {{-1, -1, -1, -1, -1, 1, 1, 1, 1, 1}, <<41>>}
Length[legalparen]
 42
```

물론 위의 문제는처음부터 기본함수, CatalanNumber 를 사용하여 구할 수 있었다.

```
CatalanNumber[5]
 42
```

위에서 구한 옳은 괄호식을 실제로 보기 수월한 모양으로 바꾸기 위하여 1 을 왼편 괄호식, 그리고, -1 을 오른편 괄호식으로 바꾼다.

```
legalParen /. {1->")", -1->"("}
```

매스매티카의 기본함수, StringJoin 을 이용하여 이것을 다시 하나의 식으로 묶어준다.

```
StringJoin /@ %
 {((((())))), (((()()))), (((())())), (((()))()), (((())))(), ((()(()))), ((()()())), ((()())()), ((()()))(), ((())(())), ((())()()),
 ((())())(),((()))(()), ((()))()(), (()((()))), (()(()())), (()(())()), (()(()))(), (()()(())), (()()()()), (()()())(), (()())(()),
 (()())()(), (())((())), (())(()()), (())(())(), (())()(()), (())()()(), ()(((()))), ()((()())), ()((())()), ()((()))(), ()(()(())),
 ()(()()()), ()(()())(), ()(())(()), ()(())()(), ()()((())), ()()(()()), ()()(())(), ()()()(()), ()()()()()}
```

반사원칙의 증명은 직관적이고, 또, 시각적이다. 이러한 시각적인 증명을 설명하기 위한 함수를 하나 만들어보기로 하자.

괄호식을 좌표상의 그래프로 표현했을 때 x-축을 뚫고 나온 바로 다음부터 -1 은 1 로, 1 은 -1 로 부호를 바꾸어주면 $n$+1 개의 오른편과 $n$-1 개의 왼편 괄호를 가지고 만들 수 있는 모든 괄호식과 $n$ 개의 왼편과 $n$ 개의 오른편 괄호를 가지고 만들 수 있는 모든 틀린 괄호식 사이에는 1 대 1 대응 관계가 있다는 것을 쉽게 알 수 있다.

```
quePLOT[q_List] := Module[{legal, pos, l},
{legal, pos} = legalCHECK[q];
```

```
If[!legal,
  pic1 = ListPlot[FoldList[Plus, 0, q], PlotJoined->True, DisplayFunction ->
          Identity];
  pic2 = ListPlot[FoldList[Plus, 0, Join[Take[q, {1, pos}], -Take[q, {pos+1,
          Length[q]}]]], PlotJoined->True, PlotStyle->{Dashing[{0.01, 0.01}]},
          DisplayFunction -> Identity];
Show[pic1, pic2, DisplayFunction-> $DisplayFunction]]]
```

quePLOT[randomqueue]

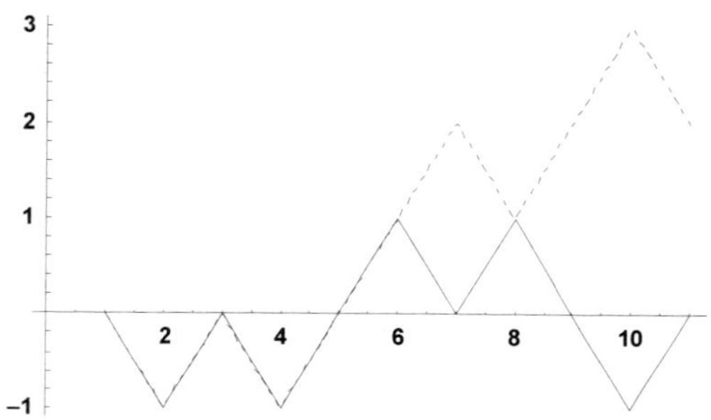


## 이진트리의 문제

다음의 그림에서와 같은 이진트리는 왼편, 오른편으로 나누어볼 때 이들 각각은 다시 이진트리가 되는 특성을 발견한다. 이렇게 재귀적인 구조를 가지고 있는 이진트리의 개수를 세는 문제를 생각하여 보기로 하자.

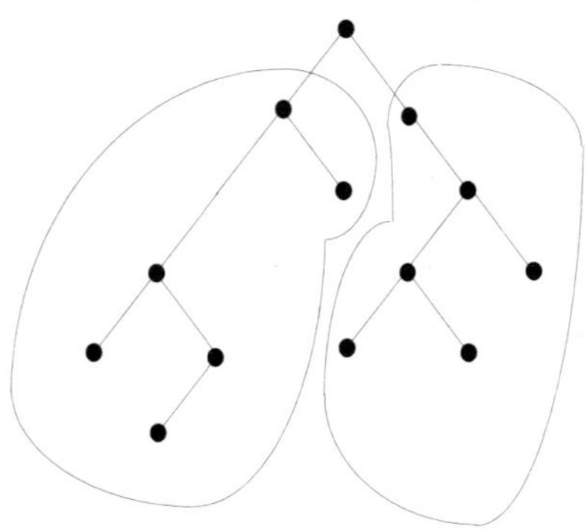

$b_n$ 을 $n$ 개의 vertex 를 가진 이진트리의 개수라 할 때, $b_{n+1}$ 은

$$b_{n+1} = b_0 b_n + b_1 b_{n-1} + b_2 b_{n-2} + \ldots + b_{n-1} b_1 + b_n b_0$$

로 된다. 이때, 양변에 $x^{n+1}$을 곱하고 $\Sigma$를 취하면

$$\sum_{n=0}^{\infty} b_{n+1} x^{n+1} = \sum_{n=0}^{\infty} (b_0 b_n + b_1 b_{n-1} + b_2 b_{n-1} + \ldots + b_{n-1} b_1 + b_n b_0) x^{n+1}$$

이 된다. 이때,

$$f(x) = \sum_{n=0}^{\infty} b_n x^n$$

라 두면,

$$\begin{aligned}
&(f(x) - b_0) \\
&= x \sum_{n=0}^{\infty} (b_0 b_n + b_1 b_{n-1} + b_2 b_{n-1} + \ldots + b_{n-1} b_1 + b_n b_0) x^{n+1} \\
&= x(f(x))^2
\end{aligned}$$

로 되어 이것을 $f(x)$ 에 대하여 풀면 $f(x) = \dfrac{1 \pm \sqrt{1-4x}}{2x}$ 가 된다.

여기서 $\sqrt{1-4x}$ 에서 $x^n$ 의 계수는

$$\begin{aligned}
&\binom{\frac{1}{2}}{n} (-4)^n \\
&= \frac{\frac{1}{2}(\frac{1}{2}-1)(\frac{1}{2}-2)\cdots(\frac{1}{2}-n+1)}{n!} (-4)^n \\
&= (-1)^{n-1} \frac{2^n \cdot 1 \cdot 3 \cdots (2n-3)}{n!} \\
&= \frac{-1}{2n-1} \binom{2n}{n}
\end{aligned}$$

이 되므로

$$f(x) = \frac{1}{2x} \left[ 1 - \left[ 1 - \sum_{n=1}^{\infty} \frac{1}{(2n-1)} \binom{2n}{n} x^n \right] \right]$$

이 된다.

위의 수식에서 $x^n$ 의 계수는

$\displaystyle\sum_{n=1}^{\infty} \frac{1}{(2n-1)} \binom{2n}{n} x^n$ 에서의 $x^{n+1}$ 의 계수의 절반이다.

그러므로

$$b_n = \frac{1}{2}\left[\frac{1}{2(n+1)-1}\right]\binom{2(n+1)}{n+1} = \frac{1}{(n+1)}\binom{2n}{n}$$

즉, 카탈란의 수가 된다. 이와 같은 내용을 매스매티카를 이용하면 다음과 같다.

$\sqrt{1-4x}$ 에서 $x^n$ 의 계수를 구한다.

```
SeriesTerm[Sqrt[1-4 x], {x, 0, n}]
```

$$-\frac{2^{-1+2n}\,\mathrm{Gamma}\left[-\frac{1}{2}+n\right]}{\sqrt{\pi}\,\mathrm{Gamma}[1+n]}$$

점화식, $b_{n+1} = b_0 b_n + b_1 b_{n-1} + b_2 b_{n-2} + \ldots + b_{n-1} b_1 + b_n b_0$ 를 푼다.

```
f[x_] = GeneratingFunction[{B[n + 1] == Sum[B[k] B[n - k], {k, 0, n}], B[0] == 1}, B[n], n, x]
```

$$\left\{\left\{\frac{1-\sqrt{1-4x}}{2x}\right\}\right\}$$

위의 수식에서 $x^n$ 의 계수를 구한다.

```
SeriesTerm[f[x],{x,0,n}]
```

$$\left\{\left\{\frac{\mathrm{Binomial}[2n, n]}{1+n}\right\}\right\}$$

## 스택(Stack)의 문제

아래 그림과 같이 자동차 a, b, c, d 가 주차장에 순서대로 들어갈 때 주차장 밖으로 나올 수 있는 방법은 정해져 있다. 여기서 정해진다는 말의 의미는, 예를 들어, {c, a, b, d}와 같은 순서는 있을 수 없다는 뜻이 된다. 이와 같이 자동차 네 대가 좁은 골목길로 들어가고 나올 수 있는 가능한 모든 방법을 열거하면 다음의 표와 같다.

| | | | |
|---|---|---|---|
| a, b, c, d | b, a, c, d | b, c, a, d | b, c, d, a |
| a, b, d, c | b, a, d, c | c, b, a, d | b, d, c, a |
| a, c, b, d | | | c, b, d, a |
| a, c, d, b | | | c, d, b, a |
| a, d, c, b | | | d, c, b, a |

이것을 잠시 관찰하여 보면 자동차 a 를 중심으로 생각하면 좌우에 올 수 있는 자동차의 대 수가 정하여지므로 recursion 을 생각할 수 있다.

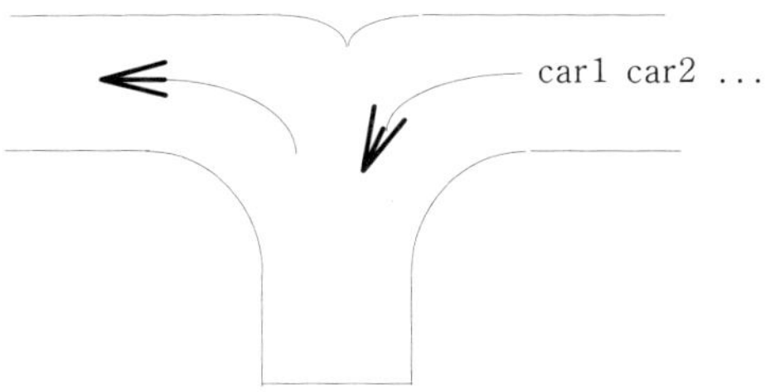


이것을 알고리즘으로 매스매티카로 옮겨보면 다음과 같다. 위의 표에서와 같이 자동차의 대수가 넷일 때를 고려하여보자. 자동차 a 를 중심으로 왼편에 올 수 있는 자동차의 대수는 0, 1, 2, 3 이다.

마찬가지로 오른편에 올 수 있는 수 역시 0, 1, 2, 3 이다. 이제, $b_n$ 을 찾고자 하는 방법의 가지수라하면 이진트리에서와 같이 점화식,

$$b_{n+1} = b_0 b_n + b_1 b_{n-1} + b_2 b_{n-1} + ... + b_{n-1} b_1 + b_n b_0$$

이 성립한다.

여기서 곱셈은 기본함수, Distribute 의 의미이다. 알고리즘은 자동차 a 를 중심으로 왼편에 올 수 있는 자동차와 오른편에 오는 것의 곱, 즉, Distribute[{left-hand side}, {right-hand side}, List}이다. 이와 같이 얻은 결과에 자동차 a 를 사이에 끼워 넣는다.

```
catalanTree[{}] := {{}}
catalanTree[{a_}] := {{a}}
catalanTree[l_List] := Module[{m = Rest[l], i, elem1st = First[l]},
            Join @@ Map[Insert[#, {elem1st}, {2}] &,
            Table[Distribute[
            {catalanTree[Take[m, i]],
            catalanTree[Take[m, {i + 1, Length[m]}]]}, List],
    {i, 0, Length[m]}], {2}]]
```

자동차의 대수가 3 일 경우 다음과 같다.

```
catalanTree[{a, b, c}]
  {{a, b, c}, {a, c, b}, {b, a, c}, {b, c, a}, {c, b, a}}
```

예를 들어 자동차가 7 대일 경우 가지수는 429 이며, 위에 정의한 프로그램 catalanTree 를 이용하여 구체적으로 열거하면 다음과 같다.

```
catalanTree[{a,b,c,d,e,f,g}]//Short[#,2]&
  {{a, b, c, d, e, f, g}, {a, b, c, d, e, g, f}, {a, b, c, d, f, e, g}, {a, b, c, d, f, g, e}, {a, b, c, d, g, f, e}, <<421>>,
  {f, e, g, d, c, b, a}, {f, g, e, d, c, b, a}, {g, f, e, d, c, b, a}}

Length[%]
  429
```

가지수가 기본함수를 이용하여 구한 값과 비교하여도 같은 것을 알 수 있다.

```
CatalanNumber[7]
  429
```

이제 같은 논리적 구조를 가진 것으로 정오면체의 꼭지점을 연결하여 삼각형 분할을 만드는 방법에 대하여 생각하여보자. 기본적인 알고리즘은 위의 트리구조와 볼록다각형을 삼각형으로 분할하고 1-1 대응시키는 것이다.

볼록 다각형의 삼각형 분할에 필요한 edges 를 찾는 방법으로 위에서 만든 catalanTree 를 가지고 다음의 방법으로 삼각형 분할을 해준다.

catalanTree 를 가지고 만든 이진트리는 기본적인 트리구조, {{left child}, {root}, {right child}}에서 다음의 세 가지 경우가 있을 수 있다.

(1) 왼쪽, 오른쪽 자식이 모두 있는 경우
(2) 오른쪽 자식만 있는 경우
(3) 왼쪽 자식만 있는 경우

(2), (3)의 경우는 단순한 경우로 볼록 다각형의 vertex 1 과 2 를 잇는 edge 를 이진트리의 루트로 잡고 vertex 1 과 2 를 중심으로 각각 시계 반대방향, 시계 방향으로 회전하며 삼각형 분할을 만들어 간다. (여기서 회전의 방향은 바뀌어도 삼각형 분할과 이진트리와의 1-1 대응의 관계는 유지되므로 일관성만 유지하견 문제가 없다.)

조금 더 복잡한 경우로 1 의 경우 볼록 다각형의 vertex 1 과 2 를 잇는 edge 를 이진트리의 루트로 잡고 vertex 1 과 2 에서 동시에 edge 가 나간다. 여기서 문제는 어떤 vertex, v 로 가느냐인데 이것은 {1,v}, {v,2}가 다시 새로운 볼록다각형의 이진트리의 루트에 해당하는 edge 로 될 것이므로 자연스럽게 이진트리의 루트를 중심으로 왼편, 오른편에 있는 node 의 개수에 따라 정하여 진다.

재귀적 매스매티카 프로그램의 기법에 관한 것으로 이진트리 구조를 depth-first search 를 이용하여 찾아 간다. 여기서 또 다른 기법으로 특기 하는 것은 Block 의 사용이다. 물론 Block 을 Module 로 바꾸면 제대로 작동하지 않게 된다. 그러한 이유로는 Block 을 사용함으로써 본 밖의 다른 함수가 본 함수의 변수를 사용해야 하기 때문이다.

```
NodeQ = Function[c, c =!= {}];
search[{(lc_)?NodeQ, {parent_}, (rc_)?NodeQ}, {l_, r_}] := ((AppendTo[storage, #1]
& ) /@
{{l, l + Length[Flatten[lc]] + 1}, {l + Length[Flatten[lc]] + 1, r}};
search[lc, {l, l + Length[Flatten[lc]] + 1}];
search[rc, {l + Length[Flatten[lc]] + 1, r}]);
search[{(lc_)?NodeQ, {parent_}, {}}, {l_, r_}] := (AppendTo[storage, {l + 1, r}];
search[lc, {l + 1, r}]);
search[{{}, {parent_}, (rc_)?NodeQ}, {l_, r_}] := (AppendTo[storage, {l, v[[r]]}];
search[rc, {l, v[[r]]}]);
triangleEdges[n_] := Block[{storage = branches = {}, v, m, tree} v =
RotateRight[Range[n + 2], 1]; tree = catalanTree[Range[n]];
Table[search[tree[[m]], {2, 1}]; AppendTo[branches, storage];
storage = {}, {m, 1, Binomial[2*n, n] / (n + 1)}]; branches];
triangulation[n_Integer, pairs_List] := Module[{x = N[2*(Pi/n)], poly, v, edges},
     v = Chop[Table[N[{Cos[x*i], Sin[x*i]}], {i, n}]];
     poly = Line /@ Partition[Append[v, First[v]], 2, 1];
```

```
    edges = Line /@ (v[[#1]] & ) /@ pairs;
    Show[Graphics[{poly, edges}], DisplayFunction -> Identity, AspectRatio -> Automatic]];
triangles[n_] := Binomial[2*n - 4, n - 2]/(n - 1);
tripic[n_] := (triangulation[n, #1] & ) /@ triangleEdges[n - 2]
g = tripic[7];
Show[t = GraphicsArray[Partition[g, 7]]]
```

위의 그림을 컴퓨터 하드드라이브에 저장하는 방법으로 기본함수, Export 를 이용한다.

```
Export["c:\\triangulation.eps", t, "EPS"]
 c:\triangulation.eps
```

위에서 구한 볼록 다각형의 삼각 분할과 이진트리와의 관계를 연결하기 위하여 우선 이진트리는 아래와 같이 구현해볼 수 있다. 다소 복잡한 구조로 보일 수 있으나 실제로는 점화식을 이용한 것으로 매우 간단 하다고 말할 수 있다.

```
Clear[drawTree]; width = 1;dx = 0.;dy = 0.;
$TextStyle = {FontFamily->"Helvetica", FontSize->9, FontWeight->"Bold"};
nodeStyle[node_, xval_, yval_, type___:0]: = Module[{},
If[type == 0,
```

```
      Return[{Text[node, {xval, yval}, {0, -2}], {PointSize[0.03], GrayLevel[0.5],
            Point[{xval, yval}]}}],
      Return[{PointSize[0.09], GrayLevel[0.5], Point[{xval, yval}]}]];]

  drawTree[{a_}, xval_, yval_, type___:0]:={nodeStyle[a, xval, yval, type]}

  drawTree[{{}, {root_}, rc_}, xval_, yval_, type___:0]:=
      Join[{nodeStyle[root, xval, yval, type],
      Line[{{xval, yval}, {xval+width, yval-1}}]},
      drawTree[rc, xval+width, yval-1, type]]

  drawTree[{lc_, {root_}, {}}, xval_, yval_, type___:0]:=
      Join[{nodeStyle[root, xval, yval, type],
      Line[{{xval, yval}, {xval-width, yval-1}}]},
      drawTree[lc, xval-width, yval-1, type]]

  drawTree[{lc_, {root_}, rc_}, xval_, yval_, type___:0]:=
  Join[{nodeStyle[root, xval, yval, type], Line[{{xval, yval}, {xval-width, yval-1}}],
  Line[{{xval, yval}, {xval+width, yval-1}}]},
       drawTree[lc, xval-width, yval-1, type],
      drawTree[rc, xval+width, yval-1, type]]
      drawTree[tree_, type_:0]:=drawTree[tree, 0, 0, type]
```

이것을 이용하여 볼록다각형에 대응하는 이진트리를 만들어볼 수 있다. 이렇게 만들어진 여러 개의 트리를 하나의 그림으로 묶어 보는 방법은 위에서 구한 카탈란 트리 구조에 Map 을 이용하여 drawTree 를 하나 하나 적용시킨다.

```
forest = drawTree[#, 1]& /@ T;
```

여기서 그림 하나 하나를 그릴 때는 컴퓨터 화면에 출력하는 것을 원하지 않는다. 이러한 경우, 매우 유용한 기술로 DisplayFunction 을 Identity 로 값을 매겨두고 다시 초기값, $DisplayFunction 으로 환원하여 준다.

```
pictures = Show[Graphics[#, AspectRatio->1], DisplayFunction->Identity]& /@
forest;
```

```
Show[p = GraphicsArray[Partition[pictures, 7]], DisplayFunction->
$DisplayFunction]
```

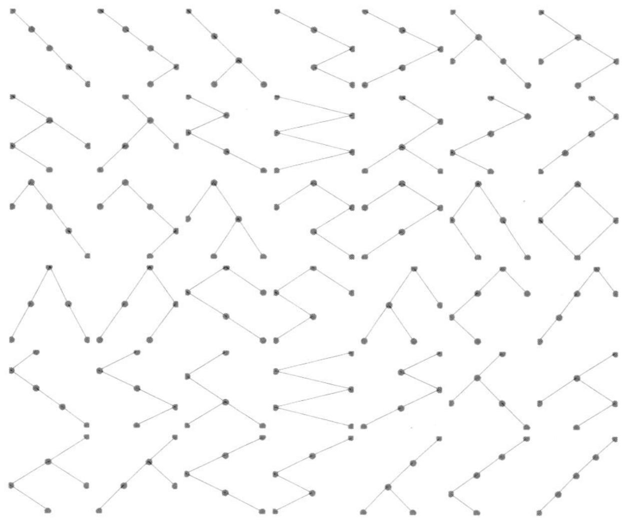

## 런(Run)

집합에서 숫자가 여러 번 반복하여 나올 때 중복되는 것끼리 묶어 주고자 하는 경우가 있다. 예를 들면, 여자, 남자 여러 명이 영화관에 가서 자리에 앉을 때, 여자와 남자가 서로 인접한 경우가 생긴다. 이때, 여자는 여자끼리, 남자는 남자끼리 묶으면 그것을 런이라 하며, 이는 통계 등 다양한 분야에 응용되는 중요한 수학적 구조이다.

다시 말해, 런은 동일한 숫자, 혹은, 문자의 연속적인 반복의 묶음을 의미한다. 남자를 M, 여자를 F 라 했을 때의 배열, {F, F, F, M, M, F}의 경우 런으로 묶으면 {{F, F, F}, {M, M}, {F}}가 된다.

[정리]

원소의 개수가 n 인 순열에서 오름차순으로 k 개의 런(k permutation ascents)를 가지는 경우를 $\left\langle {n \atop k} \right\rangle$라 할 때, 다음의 관계식,

$$\left\langle {n \atop k} \right\rangle = k\left\langle {n-1 \atop k} \right\rangle + (n+1-k)\left\langle {n-1 \atop k-1} \right\rangle, \ \left\langle {0 \atop k} \right\rangle = I(k=0)$$

이 성립한다.

cracking 의 역할은 주어진 리스트를 일정한 위치에서 두 동강이로 나누는 일이다.

```
cracking[l_, pos_] := {Take[l, {1, pos}], Take[l, {pos+1, -1}]}
cracking[Range[10], 2]
 {{1, 2}, {3, 4, 5, 6, 7, 8, 9, 10}}
```

cellDivision 의 역할은 재귀적 수식의 $(n+1-k)\left\langle {n-1 \atop k-1} \right\rangle$ 에 해당한다.

```
cellDivision[l_List, n_] := Module[{dim, pos, id, s}, dim =
Select[Transpose[{Range[Length[l]], Length /@ l}], #1[[2]] =!= 1 & ];


l = {{4, 5}, {2, 3}, {1}};
cellDivision[l,x]
 {{{x}, {4,5}, {2,3}, {1}}, {{4,x}, {5}, {2,3}, {1}}, {{4,5}, {2,x}, {3}, {1}}}


pos = (Flatten[#1, 2] & )[((Outer[List, {#1}, Range[2, #2]] & ) @@ #1 & ) /@ dim];


s = (((FlattenAt[#1, id] & )[ReplacePart[l,
     cracking[ Insert[l, n, {id = #1, #2}][[#1]], #2], #1]] & ) @@ #1 & ) /@ pos;
     Prepend[s, Prepend[l, {n}]]]
```

$k\left\langle {n-1 \atop k} \right\rangle$는 각각의 런의 맨 마지막 위치에 삽입되는 경우이고, $(n+1-k)\left\langle {n-1 \atop k-1} \right\rangle$ 는 맨 마지막을 제외한 위치에 삽입되는 경우이다.

예를 들어, 다음의 리스트에 5 보다 큰 원소 x 가 삽입되는 맨 마지막을 제외한 위치에 삽입되는 경우의 결과는 다음의 세가지, {{x}, {4, 5}, {2, 3}, {1}}, {{4, x}, {5}, {2, 3}, {1}}, {{4, 5}, {2, x}, {3}, {1}}가 될 수 있다.

```
EulerRun[n_,k_]:={}/;n<k;
```

```
EulerRun[n_,1]:={{Range[n]}};
EulerRun[n_,n_]:={Transpose[{Range[n,1,-1]}]};
EulerRun[n_,k_]:=
    Join[Flatten[Table[Insert[#,n,{i,-1}],{i,k}]& /@ EulerRun[n-1,k],1],
        Flatten[cellDivision[#,n]& /@ EulerRun[n-1,k-1],1]]
```

```
byRecursion = EulerRun[5,4]
```

```
{{{4, 5}, {3}, {2}, {1}}, {{4}, {3, 5}, {2}, {1}}, {{4}, {3}, {2, 5}, {1}}, {{4}, {3}, {2}, {1, 5}}, {{5}, {3, 4}, {2}, {1}},
{{3, 5}, {4}, {2}, {1}}, {{5}, {3}, {2, 4}, {1}}, {{3}, { 2, 5}, {4}, {1}}, {{5}, {3}, {2}, {1, 4}}, {{3}, {2}, {1, 5}, {4}},
{{5}, {4}, {2, 3}, {1}}, {{4}, {2, 5}, {3}, {1}}, {{5}, {2, 4}, {3}, {1}}, {{2, 5}, {4}, {3}, {1}}, {{5}, {4}, {2}, {1, 3}},
{{4}, {2}, {1, 5}, {3}}, {{5}, {2}, {1, 4}, {3}}, {{2}, {1, 5}, {4}, {3}}, {{5}, {4}, {3}, {1, 2}}, {{4}, {3}, {1, 5}, {2}},
{{5}, {3}, {1, 4}, {2}}, {{3}, {1, 5}, {4}, {2}}, {{5}, {4}, {1, 3}, {2}}, {{4}, {1, 5}, {3}, {2}}, {{5}, {1, 4}, {3}, {2}},
{{1, 5}, {4}, {3}, {2}}}
```

```
Length[%]
```

```
26
```

이제 위의 결과를 여러 과정을 통해서 구하는 방법이 있다.

```
totalSpace = Permutations[{1,2,3,4,5}];
```

순열 21354 가 주어졌을 때 오름차순으로 묶음을 만든다.

```
Split[{2,1,3,5,4},#1<=#2&]
```

```
{{2}, {1,3,5}, {4}}
```

위의 아이디어를 모든 순열에 적용한다.

```
allRuns = Map[Split[#,#1<=#2&]&,totalSpace];
```

```
fromTotalSpace = Select[allRuns,Length[#] == 4&]
```

```
{{{1, 5}, {4}, {3}, {2}}, {{2}, {1, 5}, {4}, {3}}, {{2, 5}, {4}, {3}, {1}}, {{3}, {1, 5}, {4}, {2}}, {{3}, {2}, {1, 5}, {4}},
{{3}, {2, 5}, {4}, {1}}, {{3, 5}, {4}, {2}, {1}}, {{4}, {1, 5}, {3}, {2}}, {{4}, {2}, {1, 5}, {3}}, {{4}, {2, 5}, {3}, {1}},
{{4}, {3}, {1, 5}, {2}}, {{4}, {3}, {2}, {1, 5}}, {{4}, {3}, {2, 5}, {1}}, {{4}, {3, 5}, {2}, {1}}, {{4, 5}, {3}, {2}, {1}},
{{5}, {1, 4}, {3}, {2}}, {{5}, {2}, {1, 4}, {3}}, {{5}, {2, 4}, {3}, {1}}, {{5}, {3}, {1, 4}, {2}}, {{5}, {3}, {2}, {1, 4}},
{{5}, {3}, {2, 4}, {1}}, {{5}, {3, 4}, {2}, {1}}, {{5}, {4}, {1, 3}, {2}}, {{5}, {4}, {2}, {1, 3}}, {{5}, {4}, {2, 3}, {1}},
{{5}, {4}, {3}, {1, 2}}}
```

```
Length[%]
```

```
26
```

## 방정식의 해

방정식 $k_1 + k_2 + \cdots + k_m = n, k_i \ge 1, i = 1, \cdots, n$ 의 근을 구하는 문제를 매스매티카의 기호적인 기능을 살려 해결하는 방법에 대하여 설명하기로 하자.

우선 앞에서 다루었던 onto 함수의 개수에 관한 문제로 다시 돌아가서 방정식, $x_1 + x_2 + x_3 = 5, x_i \ge 1$ 의 해를 구하는 경우, 집합, {1, 1, 1, 1, 1} 사이에 플러스(+) 기호 두 개를 삽입하면 그것이 바로 위의 문제에서 하나의 답이 된다.

결국 문제의 핵심은 플러스 기호를 삽입할 수 있는 위치인 {2, 3, 4, 5} 중 두 개를 고르기가 된다. 이제 이러한 과정을 매스매티카로 구성하여 보기로 한다.

숫자 1 을 다섯 개 나열한다.

```
ones = Table[1, {5}]
 {1, 1, 1, 1, 1}
```

다음, 위의 숫자들 사이에 플러스 기호를 삽입할 위치를 찾는다.

```
pos = KSubsets[{2, 3, 4, 5}, 2]
 {{2, 3}, {2, 4}, {2, 5}, {3, 4}, {3, 5}, {4, 5}}
```

위에서 찾은 위치에 플러스 기호를 삽입한다.

```
p = Insert[ones, "+", Transpose[{#}]]& /@ pos
 {{1, +, 1, +, 1, 1, 1}, {1, +, 1, 1, +, 1, 1}, {1, +, 1, 1, 1, +, 1}, {1, 1, +, 1, +, 1, 1}, {1, 1, +, 1, 1, +, 1}, {1, 1,
 1, +, 1, +, 1}}
```

마지막으로, 플러스 기호 사이사이에 있는 숫자를 모두 더하면 5 가 되는 모든 양의 정수의 모음을 찾을 수 있다.

```
Cases[p, {a__,"+",b__,"+",c__} :> {Plus[a], Plus[b], Plus[c]}]
 {{1, 1, 3}, {1, 2, 2}, {1, 3, 1}, {2, 1, 2}, {2, 2, 1}, {3, 1, 1}}
```

여기서 매스매티카 기술을 이용하여 위의 결과는 다음의 방법으로도 얻을 수 있다.

```
p = p /. {a__,"+",b__,"+",c__}->{{a}, {b}, {c}}
```

```
{{{1}, {1}, {1, 1, 1}}, {{1}, {1, 1}, {1, 1}}, {{1}, {1, 1, 1}, {1}}, {{1, 1}, {1}, {1, 1}}, {{1, 1}, {1, 1}, {1}}, {{1, 1, 1},
{1}, {1}}}
```

```
Map[Plus@@#&,%,{2}]
```

```
{{1, 1, 3}, {1, 2, 2}, {1, 3, 1}, {2, 1, 2}, {2, 2, 1}, {3, 1, 1}}
```

혹은, 다음의 방법을 사용할 수도 있다.

```
p /. {a___, "+", b___, "+", c___} -> {Hold@Plus[a], Hold@Plus[b], Hold@Plus[c]}
```

```
{{Hold[+1], Hold[+1], Hold[1 + 1 + 1]}, {Hold[+1], Hold[1 + 1], Hold[1 + 1]}, {Hold[+1], Hold[1 + 1 + 1],
Hold[+1]}, {Hold[1 + 1], Hold[+1], Hold[1 + 1]}, {Hold[1 + 1], Hold[1 + 1], Hold[+1]}, {Hold[1 + 1 + 1],
Hold[+1], Hold[+1]}}
```

```
ReleaseHold[%]
```

```
{{1, 1, 3}, {1, 2, 2}, {1, 3, 1}, {2, 1, 2}, {2, 2, 1}, {3, 1, 1}}
```

이와 유사한 방법으로 $x_1 + x_2 + x_3 = 3,\ x_i \geq 0$ 의 근은 젓가락 두 개와 알사탕 세 개를 일렬로 늘어놓고 이들의 순서를 섞는 방법으로 아래와 같이 구할 수 있다.

```
l = DistinctPermutations[{"*","*","*","|","|"}]
```

```
{{*, *, *, |, |}, {*, *, |, *, |}, {*, *, |, |, *}, {*, |, *, *, |}, {*, |, *, |, *}, {*, |, |, *, *}, {|, *, *, *, |}, {|, *, *, |, *}, {|, *, |, *,
*}, {|, |, *, *, *}}
```

```
SequenceForm@@#& /@ l //TableForm
```

```
***||
**|*|
**||*
*|**|
*|*|*
*||**
|***|
|**|*
|*|**
||***
```

위의 방법은 단순히 설명을 위한 것으로 물론 양의 정수의 분할 알고리즘으로는 바람직하지 않다. 여기서는 앞에서 제시하였던 방법, 즉, 패키지 함수, Compositions를 사용하는 것이 올바른 해법이 되겠다.

```
Compositions[2, 3]
```

```
{{0, 0, 2}, {0, 1, 1}, {0, 2, 0}, {1, 0, 1}, {1, 1, 0}, {2, 0, 0}}
```

```
Compositions[2, 3] + 1
  {{1, 1, 3}, {1, 2, 2}, {1, 3, 1}, {2, 1, 2}, {2, 2, 1}, {3, 1, 1}}
```

이제까지 알고리즘을 중심으로 방정식의 해를 구하는 문제를 다루었다. 이제 문제해결에 알고리즘이 없는 경우, Backtrack 을 사용하여 근을 찾는 방법을 보기로 하자.

Backtrack 이란 주어진 문제 해결에 특수한 알고리즘이 없는 경우 사용되는, 주어진 문제의 답이 되는 모든 경우를 트리구조로 정돈하고 사전식으로 찾아가는 범용의 해법을 말한다.

Backtrack 에서는 모든 가능성 있는 해의 집합을 만들어 놓고 이것을 사전처럼 찾아갈 때 더 이상 가능성이 없는 경우, 트리의 나머지 경우는 포기하고 다른 경우로 다시 올라가 다시 답을 찾아가는 방법이 Backtrack 의 기본적인 문제해결 방법이다.

매스매티카에서 Backtrack 은 Combinatorica 패키지의 함수로 다루어지며 다음의 구조로 정의된다.

```
Backtrack[ solution space, partial Solution, complete Solution ]
```

이것은 다음과 같이 풀어서 표현할 수 있다.

Backtrack[ 모든 경우, 계속 답을 찾아 갈 필요가 있을 조건, 마지막 답이 될 수 있는 조건]

방정식 $x_1 + x_2 + x_3 + x_4 = 5,\ x_i \geq 1,\ i = 1, 2, 3, 4$ 의 해를 구하는 경우 위의 Backtrack 의 구문구조에서 solution space 는 미지수의 값이 1 에서 5 까지가 된다.

```
Table[Range[5], {4}]
  {{1, 2, 3, 4, 5}, {1, 2, 3, 4, 5}, {1, 2, 3, 4, 5}, {1, 2, 3, 4, 5}}
```

$x_1$ 부터 시작하여 근을 찾아갈 때 마지막 $x_5$ 값까지 계속 찾아갈 조건

$$x_1 + x_2 + x_3 + x_4 \leq 5,\ x_i \geq 1,\ i = 1, 2, 3, 4$$

는 (Apply[Plus, #] <= 5)&로 표현된다.

```
Backtrack[
Table[Range[5], {4}],
(Apply[Plus, #] <= 5) &,
(Apply[Plus, #] == 5) &,
All]
```

{{1,1,1,2}, {1,1,2,1}, {1,2,1,1}, {2,1,1,1}}

디버깅의 방법으로 기본함수, Trace 외에 Print 함수를 넣는 방법이 있다. 이것은 일반적으로 많이 사용되는 기본적인 디버깅 기술이기도 하다.

```
Backtrack[
Table[Range[3], {3}],
Print[#] || (Apply[Plus, #] <= 2) &,
(Apply[Plus, #] == 2) &, All];
```

이제 다른 예로 계수가 1 이 아닌 다른 정수인 경우로

$7x_1 + 4x_2 + 3x_3 + 2x_4 \le 10,\ x_i \ge 0,\ i = 1, 2, 3, 4$ 의 근을 구한다.

```
xvals = Backtrack[
Table[Range[0, 4], {4}],
Take[{7, 4, 3, 2}, Length[#1]] . #1 <= 10 &,
Take[{7, 4, 3, 2}, Length[#1]] . #1 <= 10 &,
All]
```

{{0, 0, 0, 0}, {0, 0, 0, 1}, {0, 0, 0, 2}, {0, 0, 0, 3}, {0, 0, 0, 4}, {0, 0, 1, 0}, {0, 0, 1, 1}, {0, 0, 1, 2}, { 0, 0, 1, 3}, {0, 0, 2, 0}, {0, 0, 2, 1}, {0, 0, 2, 2}, {0, 0, 3, 0}, {0, 1, 0, 0}, {0, 1, 0, 1}, {0, 1, 0, 2}, { 0, 1, 0, 3}, {0, 1, 1, 0}, {0, 1, 1, 1}, {0, 1, 2, 0}, { 0, 2, 0, 0}, {0, 2, 0, 1}, {1, 0, 0, 0}, {1, 0, 0, 1}, {1, 0, 1, 0}}

집합, {1, 2, 3, 4, 5}에서 만들어내는 ${}_4P_3 = \binom{4}{3}3!$ 가지의 순열도 Backtrack 을 이용하여 구할 수 있다. 여기서 주된 내용은 Union[#] == Length[#]&가 되겠다. 주어진 집합을 Union 했을 때 다시 자기 자신이 되는 것은 순열을 이룬다는 것이다.

```
Backtrack[
Table[Range[4], {3}],
(Length[Union[#]] == Length[#])&,
(Length[Union[#]] == Length[#])&,
All]
```

{{1, 2, 3}, {1, 2, 4}, {1, 3, 2}, {1, 3, 4}, {1, 4, 2}, {1, 4, 3}, {2, 1, 3}, {2, 1, 4}, {2, 3, 1}, {2, 3, 4}, {2, 4, 1}, {2, 4, 3}, {3, 1, 2}, {3, 1, 4}, {3, 2, 1}, {3, 2, 4}, {3, 4, 1}, {3, 4, 2}, {4, 1, 2}, {4, 1, 3}, {4, 2, 1}, {4, 2, 3}, {4, 3, 1}, {4, 3, 2}}

결과값을 확인하여 본다.

```
Length[%] == Binomial[4, 3] 3!
 True
```

## 정수의 분할

[정리]

정수, $n$ 을 $m$ 보다 같거나 작은 정수의 합으로 나타내는 방법의 가지 수는점화식,

$$p(n,m) = p(n-m,m) + p(n,m-1)$$

으로 나타낼 수 있다.

[설명]

위의 관계식은 바둑돌을 이용하면 쉽게 이해할 수 있다. 주어진 정수만큼의 바둑돌을 준비한다. 다음 준비된 바둑돌을 여러 줄로 정돈하며 생기는 그림을 Ferrers Diagram 이라 한다.

Ferrers Diagram 을 가지고 위의 관계식을 설명하자면 바둑돌의 배열에서 맨 위 줄에 m 개의 점이 오는 경우와 그렇지 않은 경우로 나누어 생각할 수 있다.

전자의 경우 m 이 고정되었으므로 n 에서 m 을 뺀 수를 다시 m 을 최대로 하는 정수의 합으로 나타내어지므로 $p(n-m,m)$ 이 되고, 후자의 경우 m 보다 작은 수가 최대의 수로 되는 정수의 합으로 나타내어져야 하므로 $p(n,m-1)$ 이 된다. 이 두 경우를 합하여 위의 관계식을 얻는다.

단순히 개수 만을 세고자 한다면 다음과 같이 간단히 프로그램된다.

```
P[0,_] := 0
P[_,0] :=0
P[n_,1] := n /; (n>0)
P[n_,m_] := P[n,m] = P[n-m,m] + P[n,m-1]
```

여기서 매스매티카 프로그래밍 테크닉의 한 가지를 설명하자. 위의 코드에서, P[n_, m_] := P[n, m] = .... 와 같이 한 것은 소위 dynamic programming 이라 하여, 각각 m 과

n 의 정수값에 해당하는 P[n, m]값을 컴퓨터 메모리에 저장하여 나가며 실행 속도를 빠르게 하는 테크닉으로 재귀적인 함수에 자주 사용된다.

앞에서 보았듯이 이러한 점화식은 개 수뿐 아니라 구체적으로 양의 정수, *n* 이 어떻게 *m* 을 최대로 하는 양의 정수의 합으로 표현되는지를 보여주는 알고리즘이 된다. 예를 들어, P[6, 3] = P[6, 2] + P[3, 3]의 성립하는 것의 의미로 실제로 정수의 분할의 예를 보면 P[6, 2]에 해당하는 분할과 P[3, 3]에 해당하는 정수 분할의 합집합으로 나타낼 수 있다.

양의정수, 6 을 정수의 합으로 나타낼 때 3 이 최대인 수의 경우의 분할을 구한다.

```
Partitions[6, 3]
{{3, 3}, {3, 2, 1}, {3, 1, 1, 1}, {2, 2, 2}, {2, 2, 1, 1}, {2, 1, 1, 1, 1}, {1, 1, 1, 1, 1, 1}}
```

양의정수, 6 을 정수의 합으로 나타낼 때 2 가 최대인 수의 경우의 분할을 구한다.

```
Partitions[6, 2]
{{2, 2, 2}, {2, 2, 1, 1}, {2, 1, 1, 1, 1}, {1, 1, 1, 1, 1, 1}}
```

양의정수, 3 을 정수의 합으로 나타낼 때 3 이 최대인 수의 경우의 분할을 구한다.

```
Partitions[3, 3]
{{3}, {2, 1}, {1, 1, 1}}
```

이것을 다시 그림으로 이해 하자면 FerrersDiagram 함수를 사용한다. FerrersDiagram 은 정수를 점으로 나타내어 정수의 합을 시각화시켜 이해를 쉽게한다.

```
Map[FerrersDiagram[#]&, Partitions[6, 3]]
```

위의 명령의 결과는 P[6, 3]에 해당하는 패키지 함수, FerrersDiagram 으로 다음과 같이 정리하여 볼 수 있다.

3+3

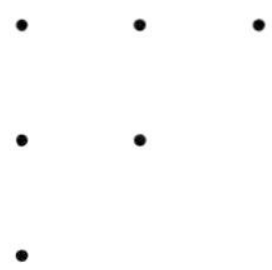

3+2+1

3+1+1+1

2+2+2

2+2+1+1

2+1+1+1+1



1+1+1+1+1+1

# 5 장

# 그래프 응용

이산수학은 크게 셈(counting)과 찾기(searching)의 두 가지로 요약하여 생각해볼 수 있다. 앞에서는 집합의 분할, 정수의 분할, 카탈란 수의 셈 등에 사용하였던 리커젼(recursion), 생성함수, inclusion-exclusion principle 이 셈의 기본기술이고, 이 장에서의 기본기술은 트리 등과 같은 찾기 문제의 그래프 이론의 기술이다.

## 그래프의 기본구조

이산수학 패키지, Combinatorica 는 일반적인 셈과 관련된 기능과 아울러 강력한 그래프 이론의 기능도 가지고 있다. 이 패키지에 구현되어 있는 그래프의 구조는 다른 그래프 이론 관련 컴퓨터 소프트웨어와 마찬가지로 기본적으로 edge 와 vertex 로 구성되어 있다.

그래프 이론을 매스매티카로 구현하는 Combinatorica 패키지에서의 기본 그래프 데이터 구조는 다음 그림에서처럼 Graph[edges, vertices]로 정의된다.

이들의 특성으로 첫째 원소는 edge 는 논리적 구조를 결정하고, 두 번째 원소는 그래프의 vertex 에 대한 것으로 그래프의 물리적인 모양을 결정한다.

각각의 vertex 의 값은 그래프를 x-y 좌표평면에 놓았을 때 (x, y) 좌표에 해당한다. 예를 들어, 위의 그림과 같은 그래프는

```
Graph[{{{1, 2}}, {{1, 3}}}, {{{0, 1}}, {{-1, 0}}, {{1, 0}}}]
```

로 표현된다.

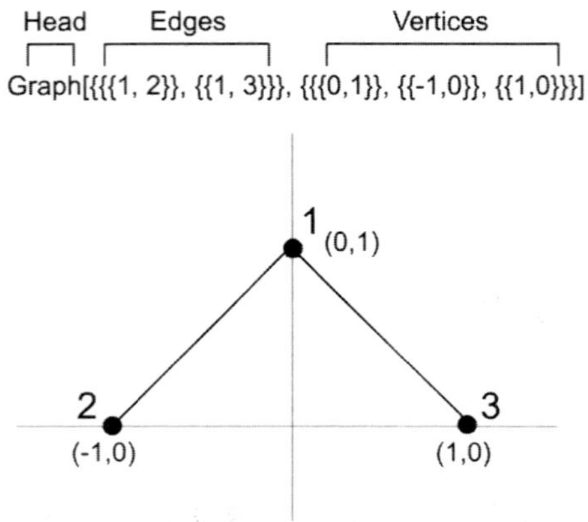


순서쌍에서 그래프 구조로 바꾸고, 반대로 그래프 구조에서 순서쌍으로 바꾸는 명령은 Combinatorica 패키지에서 가장 자주 쓰는 함수라 할 수 있다.

이들 함수는 FromUnorderedPairs, FromOrderedPairs, ToUnorderedPairs, ToOrderedPairs로 함수 자체로도 별다른 설명이 필요 없을 것으로 보이며, 또, 앞으로 나오는 상황에서 자연스럽게 이해될 것으로 기대한다.

그림에서 보듯이 vertex 1과 vertex 2가 연결되고 vertex 1과 vertex 3이 연결된 경우에 해당하는 순서쌍은 {{1, 2}, {1, 3}}이 되며, FromUnorderedPairs 함수는 이들 관계를 그래프 구조로 바꾸어준다.

```
g = FromUnorderedPairs[{{1, 2}, {1, 3}}]
  Graph[{{{1,2}}, {{1,3}}}, {{{-0.5,0.866025}}, {{-0.5,-0.866025}}, {{1.,0}}}]
```

이제 순서쌍에서 그래프 구조를 구한다음 시각적으로 표현하는 함수로 ShowGraph가 있다. 이전 Combinatorica 버전에서는 ShowLabeledGraph로 구분하여 그래프의 옵션을 주었으나, 새로운 버전에서는 ShowGraph에 옵션을 주어 그래프의 모양을 조절한다. 함수 ShowGraph에 따른 옵션을 열거하면 다음과 같다.

```
Options[ShowGraph]
  {VertexColor -> GrayLevel[0], VertexStyle -> Disk[Normal], VertexNumber -> False,
  VertexNumberColor -> GrayLevel[0], VertexNumberPosition -> LowerLeft, VertexLabel -> False,
  VertexLabelColor -> GrayLevel[0], VertexLabelPosition -> UpperRight, PlotRange -> Normal,
  AspectRatio -> 1, EdgeColor -> GrayLevel[0], EdgeStyle -> Normal, EdgeLabel -> False,
  EdgeLabelColor -> GrayLevel[0], EdgeLabelPosition -> LowerLeft, LoopPosition -> UpperRight,
  EdgeDirection -> False}
```

이와 같이 다양한 옵션은 변수의 이름만으로도 기능이 분명하여 별다른 설명없이 이해할 수 있을 것이다.

이제 앞에서 만든 그래프, g 를 기본함수,ShowGraph 를 사용하여 그림으로 나타낸다.

```
ShowGraph[g, VertexNumber -> True]
```

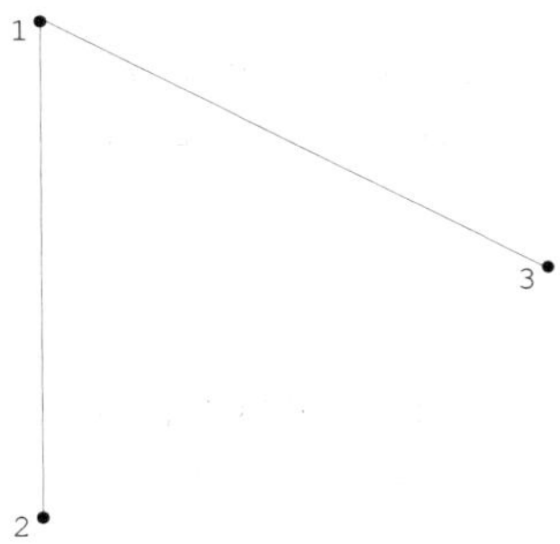


예상한 바와 같이 vertex 1 이 가운데와 좌우 대칭을 이루는 모양이 아니고 비스듬히 누운듯한 모양이 나오는 이유는 vertex 의 좌표가 360 도를 vertex 의 개수로 나누어 원주 위에 점의 좌표로 표시되어 그러하다.

이것을 일반적인 트리 모양으로 바꾸어 주는 것은 간단하다. 패키지 함수 RootedEmbedding 을 사용하면 정해준 root vertex 를 중심으로 하는 트리를 보여준다.

```
ShowGraph[RootedEmbedding[g,1], VertexNumber -> True]
```

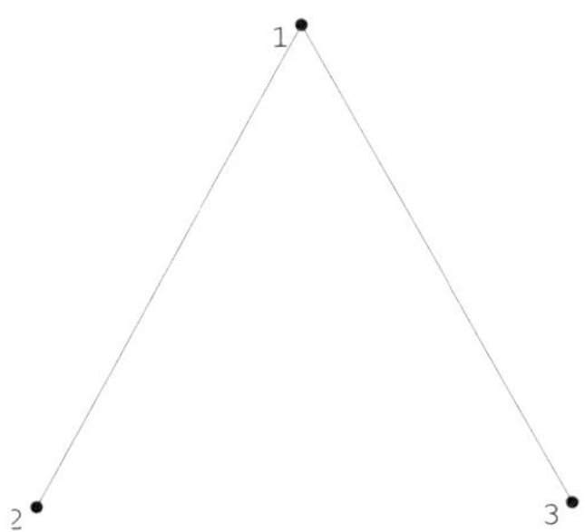


매스매티카 Combinatorica 패키지의 함수를 모두 설명한다는 것은 방대한 내용으로 현실적으로 이 책의 범위를 벗어나므로, 여기서는 그래프 이론을 매스매티카로 구현

하고 실험하는 방법을 흔히 이산수학 수업에 사용되는 흥미로운 주제를 중심으로 보기로 하자.

## MakeGraph

그래프 구조는 edge 와 vertex 를 만들어 수작업으로 완성할 수 있다. 하지만 논리적 구조가 조금만 복잡해도 손으로 그래프를 만드는 일은 금방 불가능하게 된다. 이러한 이유에서 그래프의 논리적 구조를 설명하는 것만으로 그래프를 만드는 방법이 필요하게 된다.

그러한 필요에서 생긴 함수로 MakeGraph 가 있다. 패키지 함수, MakeGraph 는 vertex 의 집합을 주고, 이들 사이의 관계를 정의하여 그래프를 만든다. 즉, MakeGraph[ vertex, vertex 사이의 논리적 관계 ] 의 구조를 가지고 있다.

예를 들어, 패키지 함수, MakeGraph 를 이용하여 집합, {1, 2, 3}의 모든 부분집합 사이에서의 포함 관계를 그래프로 나타내보자.

집합, {1, 2, 3}의 모든 부분은 Subsets[{1, 2, 3}]이고, 포함 관계는 비교하는 두 집합의 교집합과 해당 집합과의 비교를 통해 판별할 수 있다.

```
graf = MakeGraph[Subsets[{1, 2, 3}], Intersection[#1, #2] == #1 && #1 != #2 & ]
ShowGraph[graf]
```

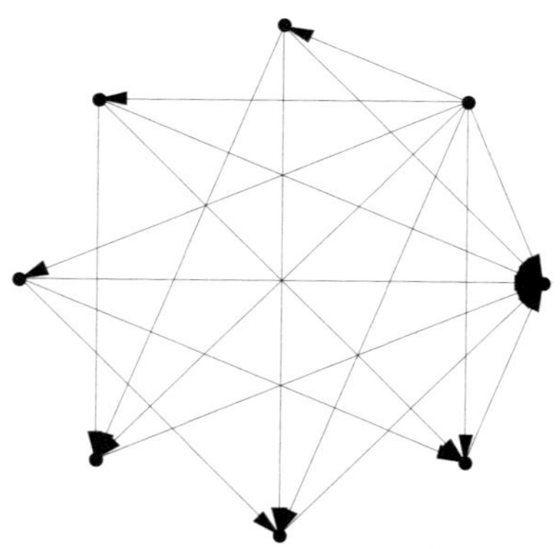

위의 그래프에서 vertex 사이의 관계가 한 눈에 들어오지 않는다. 그러나, 위의 그래프는 수학적으로 Lattice 구조이므로 HasseDiagram 을 사용하여 vertex 의 관계는 그대로 두고 vertex 의 위치만 바꾸어 준다.

```
h=HasseDiagram[graf]
ShowLabeledGraph[h, ToString/@Subsets[{1, 2, 3}]]
```

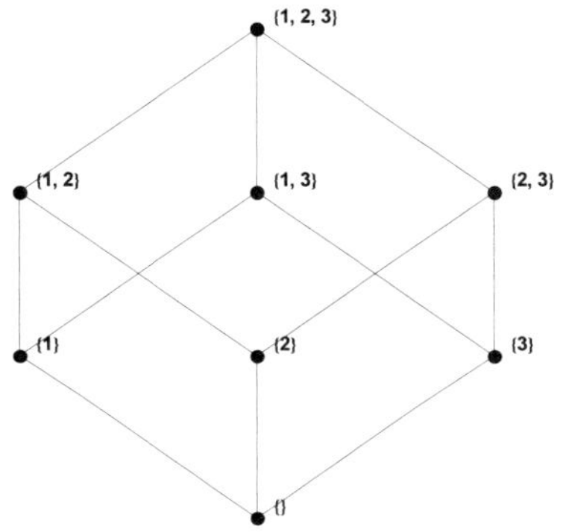


## Knight Problem

그래프를 그리는 여러 가지 방법 중에는 DodecahedralGraph 등과 같이 다양한 특수 그래프가 Combinatorica 패키지에 구현되어 있어 그들을 표현하는 방법은 단순히 그래프의 이름만 불러 주면 된다.

```
ShowLabeledGraph[g = DodecahedralGraph]
```

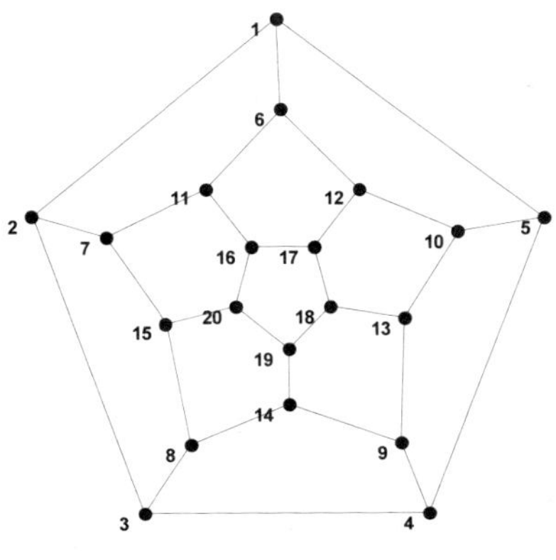

DodecahedralGraph 의 각각의 vertex 를 단 한 번만 찾아가며 모든 vertex 를 한붓그리기로 잇는 방법이 있다.

```
visit = HamiltonianCycle[g]
{1, 2, 3, 4, 5, 10, 12, 17, 16, 20, 19, 18, 13, 9, 14, 8, 15, 7, 11, 6, 1}
```

이렇게 찾은 Hamilton 사이클을 그래프 위에 그려 넣는다. 여기서 위의 사이클을 형성하는 vertex 를 두 개씩 묶고, 처음 출발한 점으로 다시 도착하기 위하여 Partition[visit, 2, 1]을 쓴다.

```
ShowLabeledGraph[Highlight[g, {Partition[visit, 2, 1]}]]
```

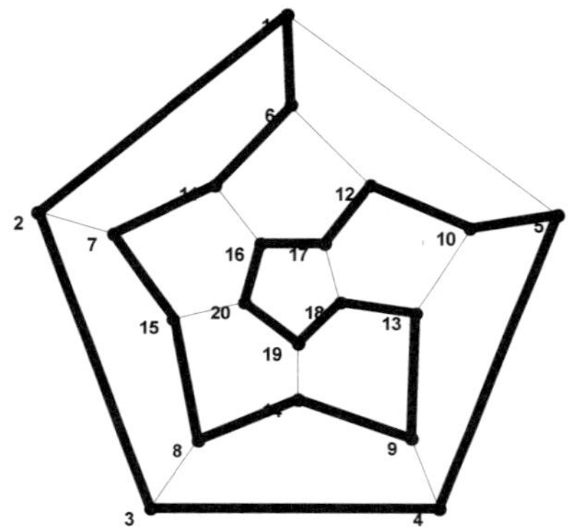


조금 더 발전된 형태의 문제로 소위 말하는 Knight 문제를 해결하는 방법을 생각하여 보자.

체스에서 Knight 는 직사각형 두개를 붙인 모양인 한자의 날 일(日)자로 움직인다. 여기서 풀고자하는 문제는 Knight 를 움직여서 체스판 위의 눈을 단 한 번만 찾아가며 모든 눈을 찾을 수 있는가의 문제이다. 문제의 답은 체스판의 사이즈에 따라 다르나, 여기서는 8×8 의 체스판의 경우를 보기로 하자.

우선 8×8 짜리 체스판의 좌표를 만든다.

```
board = Flatten[Table[{i, j}, {i, 8}, {j, 8}], 1]
{{1, 1}, {1, 2}, {1, 3}, {1, 4}, {1, 5}, {1, 6}, {1, 7}, {1, 8}, {2, 1}, {2, 2}, {2, 3}, {2, 4}, {2, 5}, {2, 6}, {2, 7}, {2,
8}, {3, 1}, {3, 2}, {3, 3}, {3, 4}, {3, 5}, {3, 6}, {3, 7}, {3, 8}, {4, 1}, {4, 2}, {4, 3}, {4, 4}, {4, 5}, {4, 6}, {4, 7},
{4, 8}, {5, 1}, {5, 2}, {5, 3}, {5, 4}, {5, 5}, {5, 6}, {5, 7}, {5, 8}, {6, 1}, {6, 2}, {6, 3}, {6, 4}, {6, 5}, {6, 6}, {6,
7}, {6, 8}, {7, 1}, {7, 2}, {7, 3}, {7, 4}, {7, 5}, {7, 6}, {7, 7}, {7, 8}, {8, 1}, {8, 2}, {8, 3}, {8, 4}, {8, 5}, {8, 6},
{8, 7}, {8, 8}}
```

위에서 체스판의 각각의 눈의 좌표를 정하고 나면 이제 체스판 위에서 Knight 가 날 일자로 움직이는 경우는 x-y 좌표가 서로 1 씩 차이 나는 경우가 되겠다. 다시 말해, Knight 는 날 일자 모양, 혹은, 날 일자를 옆으로 눕힌 모양, 이 두 가지로 움직인다.

```
g = MakeGraph[board, Abs[#1 - #2] == {1, 2} || Abs[#1 - #2] == {2, 1} &, Type ->
Undirected]
```

다음 이것을 그래프로 그려 주고 싶은데, 매스매티카의 그림을 그리는 방법이 수학의 좌표를 그대로 사용하므로 그래프는 y 값을 거꾸로 만들어 주어야 의도한대로 그림이 나온다. 즉, y 값이 증가하며 북쪽으로 가야 하는데, Table 로 만든 것은 y 값이 증가할 때 남쪽으로 가므로 이것을 함수, reverse 를 사용하여 순서를 바꾸어 준다.

```
v = Flatten[Reverse@Table[{i, j}, {j, 8}, {i, 8}], 1]
```

이제 위에서 MakeGraph 로 만든 그래프와 비교하여 vertex 끼리의 관계는 꼭 같으나 물리적인 모양을 바꾸려면 Combinatorica 패키지 함수, ChangeVertices 를 사용하여 Knight 가 움직일 수 있는 모든 길을 그림으로 보여준다.

```
h = ChangeVertices[g, v]
ShowLabeledGraph[h]
```

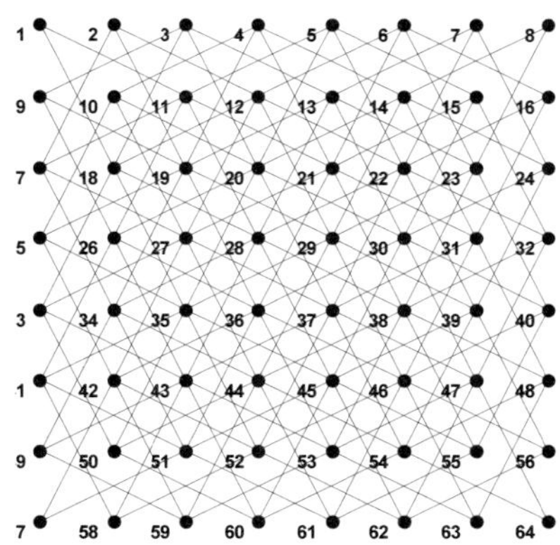


우선 위의 길에서 Hamiltonian 사이클을 찾는다.

```
visit = HamiltonianCycle[g]
```

```
{1, 11, 5, 15, 21, 4, 10, 20, 3, 9, 19, 2, 12, 6, 16, 22, 7, 13, 23, 8, 14, 24, 30, 36, 26, 41, 35, 25, 42, 57,
51, 34, 17, 27, 33, 50, 60, 45, 39, 29, 44, 61, 55, 40, 46, 56, 62, 52, 58, 43, 49, 59, 53, 63, 48, 31, 37,
54, 64, 47, 32, 38, 28, 18, 1}
```

앞에서 구한 Hamiltonian 사이클을 Knight가 움직일 수 있는 모든 길 위에 새겨 넣는다.

```
ShowLabeledGraph[Highlight[h, {Partition[visit, 2, 1]}]]
```

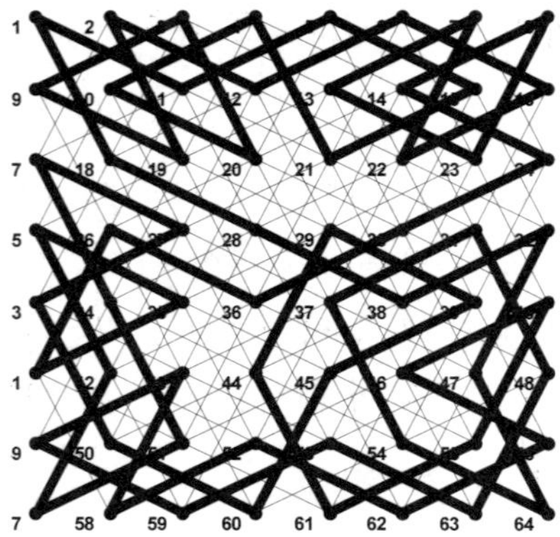

이제 위에서 구한 Hamiltonian 사이클이 체스판 위의 모든 눈을 통과하는지 확인하는 일만 남았다. 기본함수, Sort[visit]는 오름차순으로 정리하고, 그렇게 얻은 결과는 사이클의 특징으로 1이 두 번 나오므로 하나를 제거하는 방법은 Rest[Sort@visit]이 될 것이다. 마지막으로 이것을 {1, 2, …, 64}와 비교하면 된다.

```
Rest[Sort@visit]===Range[64]
  True
```

## Instant Insanity

실제로 친구들과 해볼 수 있는 게임으로 Instant Insanity라고 있다. 이것은 게임의 이름에서 느낄 수 있듯이, 이 문제에서 시행착오를 거쳐 우연히 답에 도달하려는 시도는 사람을 금방 미치게 만드는, 다시 말해 보기에는 쉬울 듯한데 실제로는 거의 불가능한 그런 게임이다.

이 게임에 대한 애니메이션 등 다양한 정보를 인터넷 검색을 통해서 얻을 수 있지만, 여기서 간략히 설명을 하면 Instant Insanity 게임은 노랑, 파랑, 빨강, 초록이 칠해진 네 개의 상자를 가지고 하는 게임으로 아래 그림과 같이 네 개의 상자를 모아서 일렬로 배열할 때 각 면에 나타나는 네 개의 상자의 색이 모두 다르게 만들어야 한다.

그리고, 상자의 각 면의 번호의 순서에 따라 매겨진 도형 전개도는 다음과 같이 만들 수 있다.

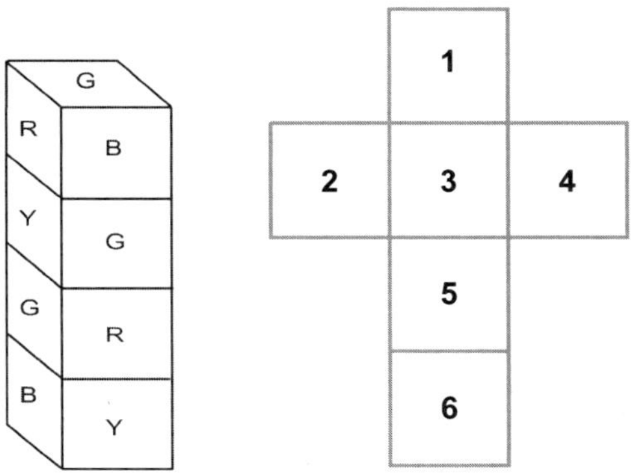


예를 들어, 다음의 표에서처럼 상자 1 은 면(face)1 부터 면 6 까지 색을 칠하여 만든다.

| 상자 1 | | | | | | 상자 2 | | | | | | 상자 3 | | | | | | 상자 4 | | | | | |
|---|---|---|---|---|---|---|---|---|---|---|---|---|---|---|---|---|---|---|---|---|---|---|---|
| 1 | 2 | 3 | 4 | 5 | 6 | 1 | 2 | 3 | 4 | 5 | 6 | 1 | 2 | 3 | 4 | 5 | 6 | 1 | 2 | 3 | 4 | 5 | 6 |
| y | g | y | b | g | r | b | r | r | y | y | g | r | b | y | g | g | b | y | g | g | g | b | r |

(y: yellow b: blue r: red g: green)

이제 서로 마주 보는 면을 edge 로 연결하고 이렇게 만들어진 edge 에 해당하는 상자의 번호를 붙이면 아래와 같은 그래프가 완성된다. 이 문제의 경우, 1-5, 2-4, 3-6 이 각각 서로 마주보는 면이 되므로 상자 1 의 경우 1-5 는 y-g 를 연결해 주고 edge 에 상자 번호, 즉, 1 을 정해준다. 마찬가지 방법으로 2-4 는 g-b 를 연결하는 edge 를 만들고, 3-6 은 y-r 을 연결하는 edge 를 만든다.

이와 같은 방법을 따라 상자 4 까지 차례로 edge 를 연결하면 아래의 그래프가 완성된다.

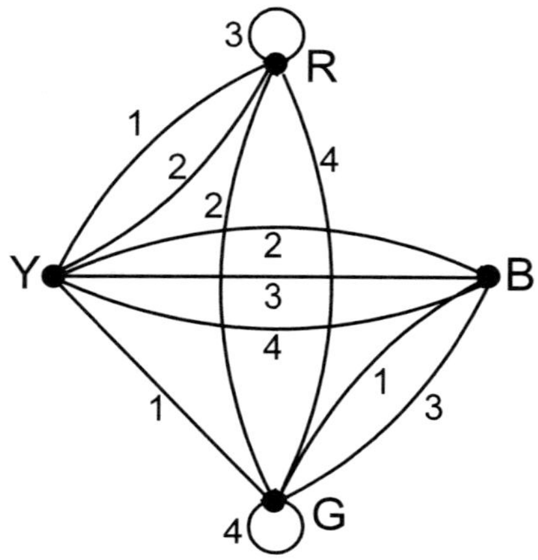


주어진 문제를 해결하는 주요부분으로 이제 위에서 만든 그래프를 edge 번호 1, 2, 3, 4 를 따라 모든 vertex 를 연결하는 부분그래프를 두 개 이상 찾아야 한다. 만일 그렇지 못하고 한 개 이하만 구할 수 있는 경우, 주어진 문제는 해결할 수 없다고 결론 지을 수 있다. 이때, 각각의 부분그래프의 조건은

1. 네 개의 vertex 와 네 개의 edge 를 단 한 번 포함하고,
2. 각 vertex 는 두 개의 edge 와 연결,
3. 물론 번호가 매겨진 edge 가 한 부분그래프에 한 번 나오면 다른 부분 그래프에서 쓰여질 수 없다.

이 문제의 경우, 위에서 완성한 전체의 그래프에서 다음과 같은 두 개의 부분그래프를 얻을 수 있다.

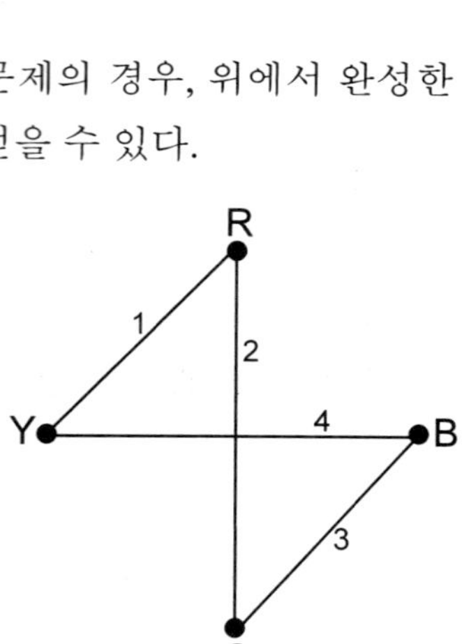


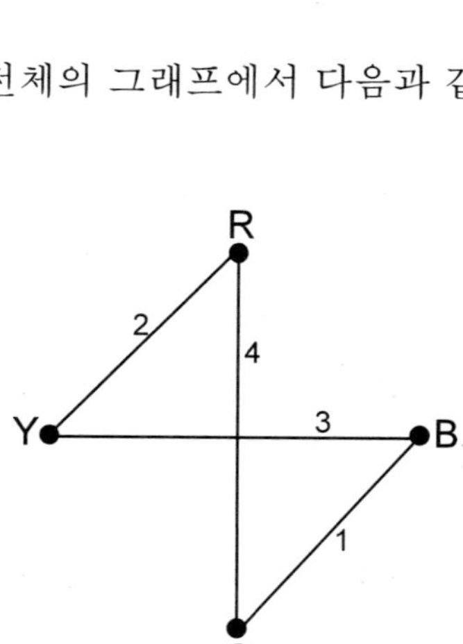

이것을 바탕으로 다음과 같이 주어진 문제의 해를 찾을 수 있다.

| Cube | Front | Back | Top | Bottom |
|---|---|---|---|---|
| 1 | yellow | red | green | blue |
| 2 | red | green | yellow | red |
| 3 | green | blue | blue | yellow |
| 4 | blue | yellow | red | green |

이제 위의 문제를 매스매티카를 응용하여 접근하는 방법을 생각하여 보기로 하자. 이에 대한 전체적인 아이디어는 {edge label, edge}의 데이터 구조를 만들어 위에서 제시한 세 가지의 조건을 만족시키는 부분그래프를 찾는 것이다.

서로 마주 보고 있는 면을 edge 로 연결하고, 각각의 edge 의 번호를 매겨 저장한다.

```
pairs = {{1, {1, 2}}, {1, {2, 3}}, {1, {3, 4}}, {2, {1, 2}}, {2, {1, 3}}, {2, {2, 4}}, {3, {1, 1}},
{3, {2, 4}}, {3, {3, 4}}, {4, {1, 3}}, {4, {2, 4}}, {4, {3, 3}}};
```

위에 정의한 pairs 의 두 번째 원소만 골라 만든 edge 에서 그래프를 간든다. 간단히 Transpose 하여 두 번째 원소를 취하면 된다.

```
g = FromUnorderedPairs[Transpose[pairs][[2]]];
ShowGraph[g, VertexNumber -> True]
```

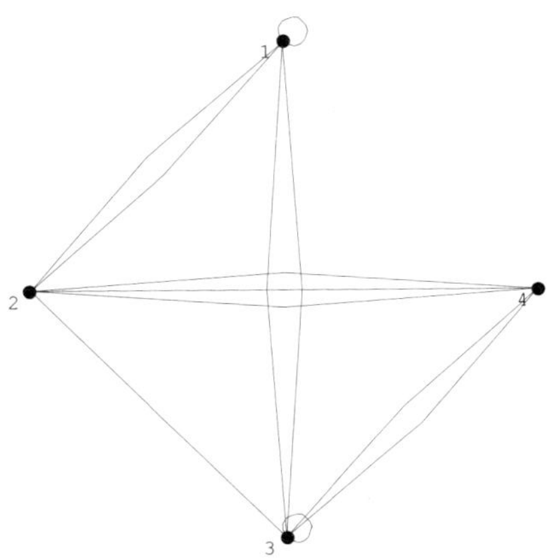


위의 그래프에 나타난 edge 중 네 개를 고른다.

s = KSubsets[pairs, 4];

상자의 번호, 즉 edge 의 번호가 1 에서 4 까지 모두 있어야 한다.

```
eachedges = Select[s, Sort[Transpose[#1][[1]]] == {1, 2, 3, 4} & ];
```

이제는 각각의 vertex 에 연결된 edge 의 개수가 두 개이어야 하므로 모두 모아 크기 순서로 정렬하면 {1, 1, 2, 2, 3, 3, 4, 4}가 된다.

```
reduced = Union[Select[eachedges, Sort[Flatten[Union[Transpose[#1][[2]]]]] == {1,
1, 2, 2, 3, 3, 4, 4} & ]]
```

위의 조건을 만족하는 edge 중 서로 중복이 없는 것을 찾아본다. 중복은 Intersection 으로 확인할 수 있다.

```
mat = Table[If[(Intersection[#1, #2] == {} & ) @@ {v[[i]], v[[j]]} === True, 1, 0], {i,
Length[v]}, {j, Length[v]}]
 {{0,0,1}, {0,0,0}, {1,0,0}}
```

```
reduced[[Position[mat, 1][[1]]]]
 {{{1, {1, 2}}, {2, {1, 3}}, {3, {3, 4}}, {4, {2, 4}}}, {{1, {3, 4}}, {2, {1, 2}}, {3, {2, 4}}, {4, {1, 3}}}}
```

```
ToUnorderedPairs[MakeGraph[reduced, Intersection[#1, #2] == {} & ]]
 {{2, 4}, {2, 4}}
```

위의 결과에서, {{1, {1, 2}}, {2, {1, 3}}, {3, {3, 4}}, {4, {2, 4}}}를 가지고

vertex 1 과 2 를 연결하고, 번호 1 을 매긴다.

vertex 1 과 3 을 연결하고, 번호 2 를 매긴다.

vertex 3 과 4 를 연결하고, 번호 3 을 매긴다.

vertex 2 와 4 를 연결하고, 번호 4 를 매긴다.

역시 {{1, {3, 4}}, {2, {1, 2}}, {3, {2, 4}}, {4, {1, 3}}}에 대해서도 마찬 가지로 풀면 앞에서와 같은 두 개의 부분그래프를 만들 수 있다.

마지막으로 위에서 얻은 부분그래프를 가지고 답을 구하는 데에는 일정한 규칙이 없으나, 주어진 문제의 답은 다음과 같이 쉽게 얻을 수 있다.

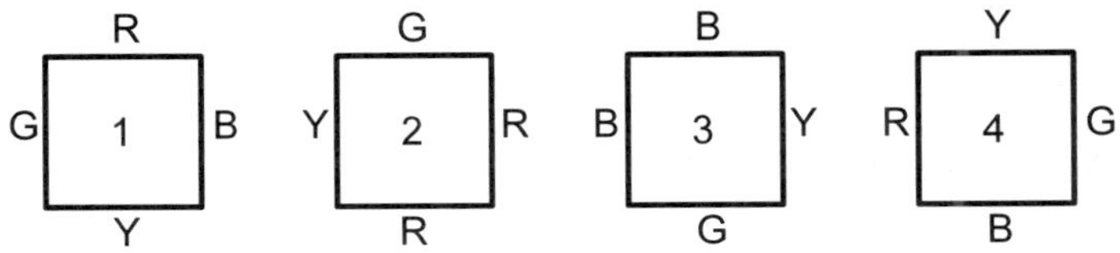


## DeBruijn Sequence

다음 그림에서와 같이 원통 위에 절연체를 코팅하여 전기가 통하는 곳을 1 로 하고 통하지 않는 곳을 0 이라 할 때, 이와 같은 원통이 회전하며 코드를 만들게 된다. 이렇게 만들어진 코드가 모든 집합에 해당하는 코드를 만들 수 있는가를 알기 위한 알고리즘으로 DeBruijn Sequence 가 있다.

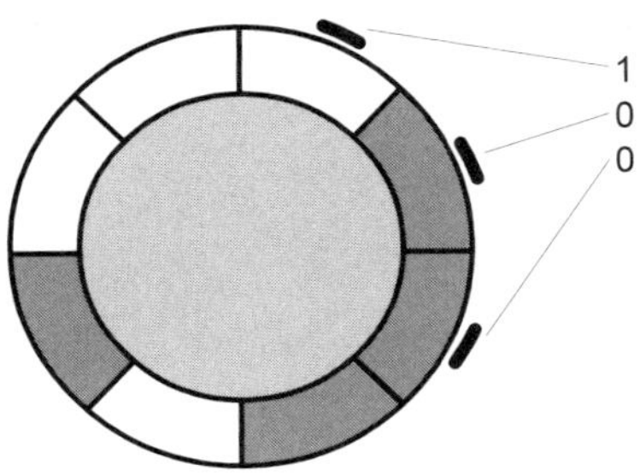


다음의 수열, {0, 1, 1, 1, 0, 0, 0, 1}에서 처음부터 원소를 세 개씩 잡고 한 칸씩 오른 쪽으로 옮겨가면 0 과 1 을 가지고 만들 수 있는 모든 세 자리수를 만들 수 있다. 서로 하나씩 차이를 두며 세 개씩 고르면 011, 111, 110, 100, 000, 001, 010, 101 을 만들 수 있다.

이와 같이 수열을 드럼 위에 배열하여 이 드럼을 돌려가며 숫자를 묶음으로 읽어갈 때 위의 경우 여덟 개를 만들 수 있다. 결과적으로 {011, 111, 110, 100, 000, 001, 010, 101}을 전송하여야 할 경우 {0, 1, 1, 1, 0, 0, 0, 1}을 보내면 되므로 매우 효율적이다.

이와 같이 부분집합을 전송하는 숫자의 배열을 DeBruijn Sequence 라 하며 패키지 함수, DeBruijnSequence[{0, 1}, 3]을 이용하여 간단히 구할 수 있다.
길이가 3 인 단어의 스트링을 나열한다.

```
words = Strings[{0, 1}, 3]
 {{0, 0, 0}, {0, 0, 1}, {0, 1, 0}, {0, 1, 1}, {1, 0, 0}, {1, 0, 1}, {1, 1, 0}, {1, 1, 1}}
```

DeBruijn Sequence 의 주된 내용으로 이들 단어간의 순서를 정해주면 된다.
패키지 함수 DeBruijnSequence 를 사용하면 된다.

```
seq = DeBruijnSequence[0, 1}, 3]
 {1, 0, 1, 0, 0, 0, 1, 1}
```

위에서 얻은 수열이 저장된 변수, seq 를 가지고 세 자리 단어를 만들어보자. 이때 Partition 은 마지막 남는 부분을 주지 않아 약간의 조정이 필요하다.

```
Partition[seq, 3, 1]
 {{1, 0, 1}, {0, 1, 0}, {1, 0, 0}, {0, 0, 0}, {0, 0, 1}, {0, 1, 1}}
```

수열의 맨 앞에서 두 개의 원소를 뒤에 붙이고 나서 하나씩 차이를 두는 원소 세 개의 묶음을 만들면 된다.

```
Join[seq, Take[seq, 2]]
 {1, 0, 1, 0, 0, 0, 1, 1, 1, 0}

Partition[%, 3, 1]
 {{1, 0, 1}, {0, 1, 0}, {1, 0, 0}, {0, 0, 0}, {0, 0, 1}, {0, 1, 1}, {1, 1, 1}, {1, 1, 0}}
```

수열의 맨 앞과 맨 뒤를 연결하여 분할을 하는 옵션을 사용한다.

```
Partition[seq, 3, 1, {1, 1}]
 {{1, 0, 1}, {0, 1, 0}, {1, 0, 0}, {0, 0, 0}, {0, 0, 1}, {0, 1, 1}, {1, 1, 1}, {1, 1, 0}}
```

이제 이와 같은 결과를 얻는 알고리즘에 대하여 알아보기로 하자.

알파벳 {0, 1}을 가지고 만들 수 있는 모든 두 자리 단어의 묶음, 즉, {00, 01, 10, 11}에서 각각의 단어에 0 혹은 1 을 붙여 생기는 세 자리 단어에서 처음 숫자를 제외한 나머지 두 자리만 가지고 만든 단어가 각각의 vertex 에 해당하는 어느 한 단어일 것이며, 이들 두 단어 사이에 하나의 관계를 만든다.

이렇게 하여 모두 관계를 맺어 줄때 하나의 그래프가 생기게 된다. 이러한 그래프에서 한붓그리기, 즉, Euler cycle 을 찾으면 된다.

알파벳은 {0, 1}이며 나올 수 있는 이것을 이용하여 만드는 단어는 모두 네 가지이다.

```
alph = {0, 1};
```

그래프에서의 노드를 정한다.

```
states = Strings[{0, 1}, 2]
  {{0, 0}, {0, 1}, {1, 0}, {1, 1}}
```

각각의 단어에 0 혹은 1 을 붙여 생기는 세 자리 단어에서 마지막 두 개만을 떼었을 때 생기는 두 자리 단어가 묶음 중의 어느 한 단어일 것이며, 이들 두 단어 사이에 하나의 관계를 만든다.

```
Table[If[Rest[Append[states[[i]], 0]] == states[[j]], 1, 0], {i, 4}, {j, 4}]
  {{1, 0, 0, 0}, {0, 0, 1, 0}, {1, 0, 0, 0}, {0, 0, 1, 0}}

Table[If[Rest[Append[states[[i]], 1]] == states[[j]], 1, 0], {i, 4}, {j, 4}]
  {{0, 1, 0, 0}, {0, 0, 0, 1}, {0, 1, 0, 0}, {0, 0, 0, 1}}

% + %%
  {{1, 1, 0, 0}, {0, 0, 1, 1}, {1, 1, 0, 0}, {0, 0, 1, 1}}
```

이것은 다른 방법을 사용하여도 마찬가지 결과를 얻을 수 있다.

```
Plus @@ (Table[If[Rest[Append[states[[i]], #1]] == states[[j]], 1, 0], {i, 4}, {j, 4}] & )
/@ {0, 1}
  {{1, 1, 0, 0}, {0, 0, 1, 1}, {1, 1, 0, 0}, {0, 0, 1, 1}}
```

노드사이의 관계를 이용하여 그래프를 만든다.

```
g = MakeGraph[states, Module[{i}, MemberQ[Table[Append[Rest[#1], alph[[i]]], {i,
Length[alph]}], #2]] & ];
```

```
ToString /@ states
 {{0, 0}, {0, 1}, {1, 0}, {1, 1}}
```

```
ShowLabeledGraph[g, %]
```

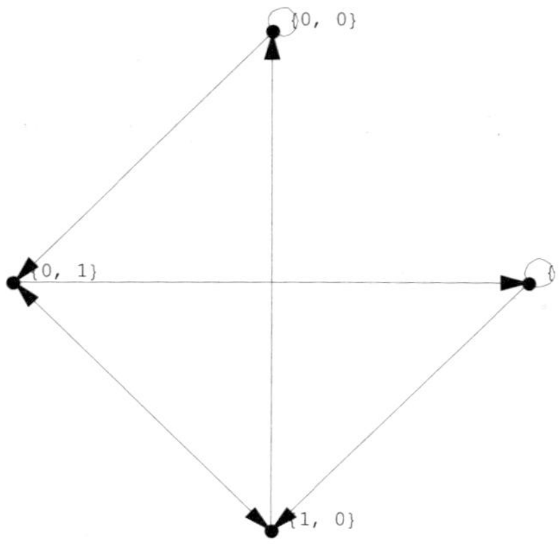


위의 그래프에서 한붓그리기를 실행한다.

```
cyc = EulerianCycle[g]
 {4, 3, 2, 3, 1, 1, 2, 4, 4}
```

이것은 단어 10 에서 시작하여 10 으로 다시 돌아오는 것을 나타낸다.

```
dgt = states[[cyc]]
 {{1, 1}, {1, 0}, {0, 1}, {1, 0}, {0, 0}, {0, 0}, {0, 1}, {1, 1}, {1, 1}}
```

위에서 단어와 단어 사이의 관계는 뒤와 앞이 일치하는 관계이므로, 앞자리만 고르면 된다.

```
digits = First /@ dgt
 {1, 1, 0, 1, 0, 0, 0, 1, 1}
```

처음과 마지막이므로 하나를 떼어내면 찾는 결과가 나온다.

```
drum = Rest[digits]
 {1, 0, 1, 0, 0, 0, 1, 1}
```

위의 과정은 패기지 함수, DeBruijnSequence 에 해당하는 것으로 서로 결과가 일치하는 것을 확인할 수 있다.

```
DeBruijnSequence [{0, 1}, 3]
 {0, 1, 1, 1, 0, 0, 0, 1}
```

물론 DeBruijnSequence 는 어떠한 종류와 크기의 알파벳에도 적용된다.

```
DeBruijnSequence [{a, b, c}, 3]
 {c, c, a, a, b, a, b, c, b, b, b, c, c, c, b, c, a, c, b, a, c, a, b, b, a, a, a}
Length[%]
 27
```

## 그레이 부분집합

앞에서 본 DeBruijn Sequence 는 한붓그리기 문제였다. 이제 한붓그리기 개념과 부분집합과의 관계에 대하여 보면 이것은 그레이 코드와 하이퍼큐브 (hypercube)라는 전자, 컴퓨터 공학의 응용에 중요한 문제로 연결된다. 이러한 관계를 보이기 위하여 우선 그레이 코드에 대하여 연구하여 보기로 하자.

부분집합을 구하는 여러 가지 방법 중 하나인 그레이 코드는 서로 인접한 부분집합끼리 최소한의 차이를 보이며 전체집합을 완성해 나가는 방법이다.

여기서 최소한의 차이란 한 부분집합에서 하나의 원소를 빼거나 더해서 다음 부분집합을 만들어 나가는 방법을 말한다. 이와 같은 그레이 코드를 만드는 알고리즘은 리커젼을 이용하는 것으로 다음 그림에서와 같이 그림을 이용하여 쉽게 이해할 수 있다.

그림에서와 같이 거울에 기존의 집합을 비추면 거울 이미지가 바로 밑에 만들어지는 과정을 통하여 계속해서 사이즈가 하나 더 큰 집합을 만들어 갈 수 있다.

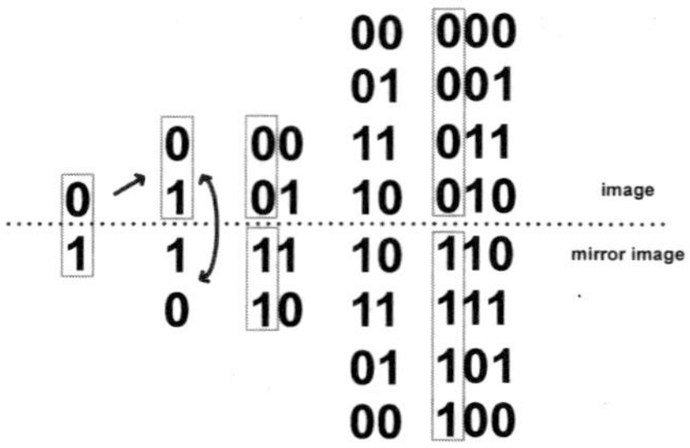


이와 같은 방법을 이용하여 네 개의 원소를 가지고 만드는 부분집합의 경우는 다음과 같다.

000 001 011 010 110 111 101 100

위의 결과를 가지고 1 은 스위치가 켜지는 것, 또, 0 은 꺼지는 것으로보면 다음과 같은 스위치의 점멸을 나타낸다.

321 ⇔ 스위치 번호의 위치
↓↓↓
000 ⇔ 모든 스위치가 꺼짐
001 ⇔ 스위치 1 이 켜짐
011 ⇔ 스위치 2 가 켜짐
010 ⇔ 스위치 1 이 꺼짐
110 ⇔ 스위치 3 이 켜짐
111 ⇔ 스위치 1 이 켜짐
101 ⇔ 스위치 2 가 꺼짐
100 ⇔ 스위치 1 이 꺼짐

이것은 크기대로 쌓인 원반을 다른 곳으로 그대로 옮기되 항상 크기가 큰 원반 위에 작은 원반이 놓이도록 하는 하노이의 탑(Tower of Hanoi) 문제의 해법과 1-1 대응을 볼 수 있다.

이와 같은 작업 순서를 다시 그레이 부분집합(Gray subset)과의 관계로 보면 다음과 같다. 위에서 켜지고 꺼지는 스위치의 번호와 옮겨지는 디스크의 번호가 서로 대응한다.

Step 1: {} ⇔ 000 ⇔ 처음 시작

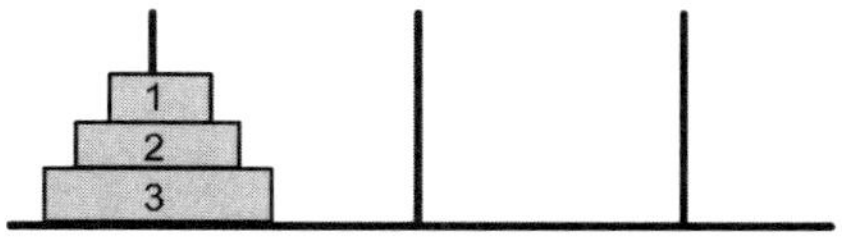


Step 2: {c} ⇔ 001 ⇔ 디스크 1 을 3 번 축으로 옮긴다.

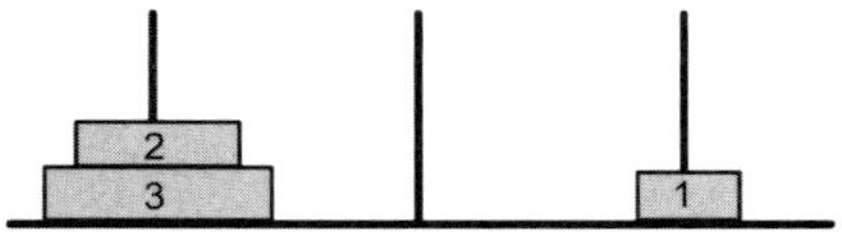


Step 3: {b, c} ⇔ 011 ⇔ 디스크 2 를 2 번 축으로 옮긴다.

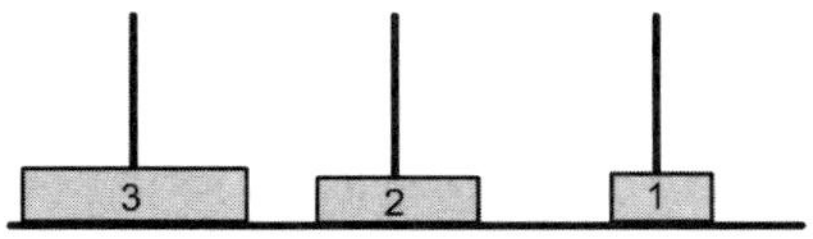


Step 4: {b} ⇔ 010 ⇔ 디스크 1 을 2 번 축으로 옮긴다.

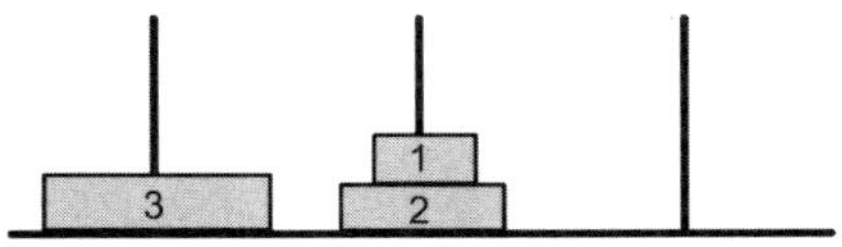


Step 5: {a, b} ⇔ 110 ⇔ 디스크 3 을 3 번 축으로 옮긴다.

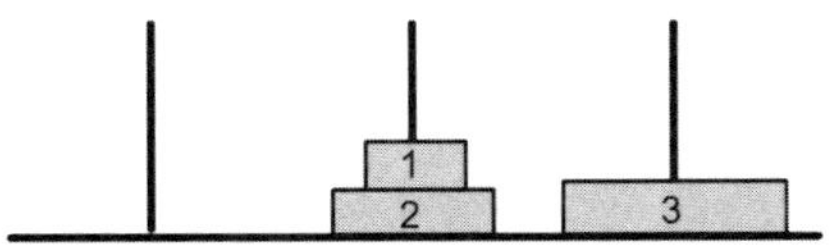


Step 6: {a, b, c} ⇔ 111 ⇔ 디스크 1 을 1 번 축으로 옮긴다.

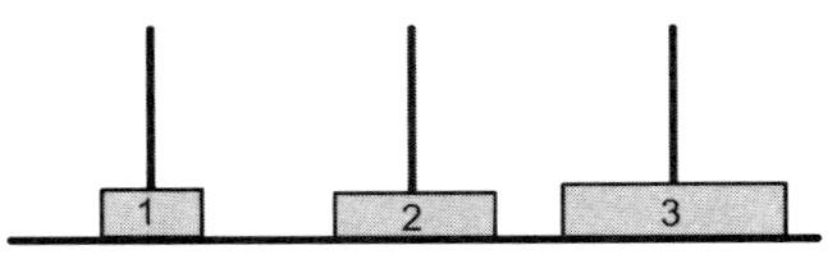

Step 7: {a, c} ⇔ 101 ⇔ 디스크 2를 3번 축으로 옮긴다.

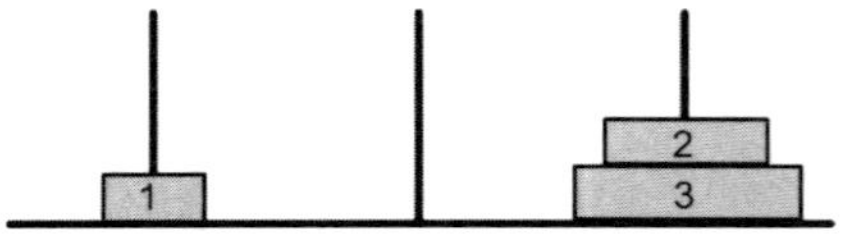


Step 8: {a} ⇔ 100 ⇔ 디스크 1을 3번 축으로 옮긴다.

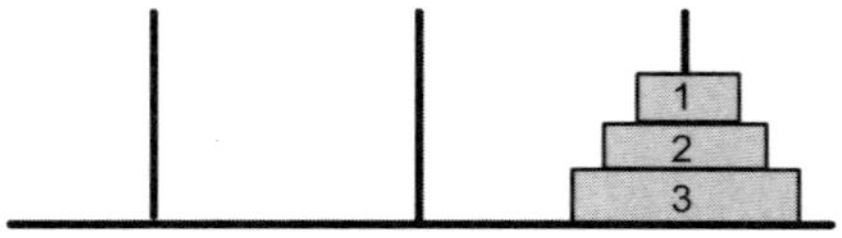


이제 위에서 만든 그레이코드와 하이퍼큐브와의 관계를 이해하기 위하여 하이퍼큐브에 대해 간단히 설명하기로 하자. 하이퍼큐브는 3차원의 육면체를 *n* 차원으로 일반화 시킨 것으로 정의할 수 있다.

이것은 병렬 컴퓨터와 같은 하드웨어 디자인에도 실제로 응용이 되는 중요한 개념으로, 이것과 그레이코드와의 관계는 하이퍼큐브에서 해밀턴사이클을 찾아가며 만들 수 있다. 또, 다음과 같이 매스매티카를 이용하여 구체적으로 설명할 수 있다.
그레이코드를 만든다.

```
grayset = GrayCode[Range[3]]
{{}, {3}, {2, 3}, {2}, {1, 2}, {1, 2, 3}, {1, 3}, {1}}
```

하이퍼큐브를 만든다.

```
hcube3 = Hypercube[3];
```

3차원의 하이퍼큐브는 정육면체가 된다.

```
ShowLabeledGraph[hcube3]
```

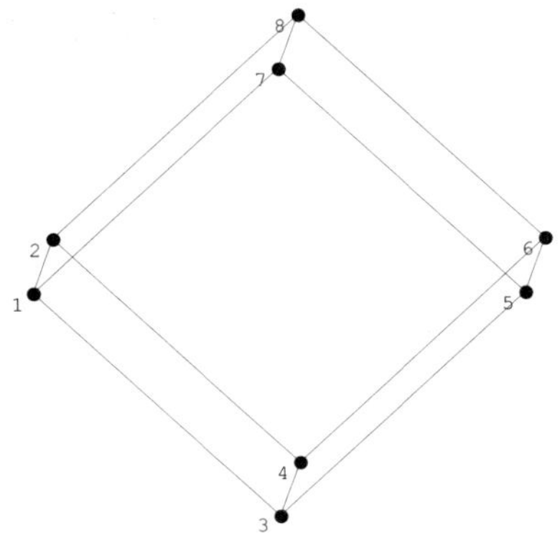


여기서 해밀턴사이클을 찾는다.

```
hcyc = HamiltonianCycle[hcube3]
 {1, 2, 4, 3, 5, 6, 8, 7, 1}
```

각 vertex 에 그레이코드의 원소를 대입한다.

```
str = ToString /@ grayset
 {{}, {3}, {2, 3}, {2}, {1, 2}, {1, 2, 3}, {1, 3}, {1}}
```

```
vlabel = str[[hcyc]]
 {{}, {3}, {2}, {2, 3}, {1, 2}, {1, 2, 3}, {1}, {1, 3}, {}}
```

이제 다시 하이퍼큐브의 vertex 에 그레이코드의 원소로 표기하면 다음과 같다.

```
ShowLabeledGraph[hcube3, vlabel]
```

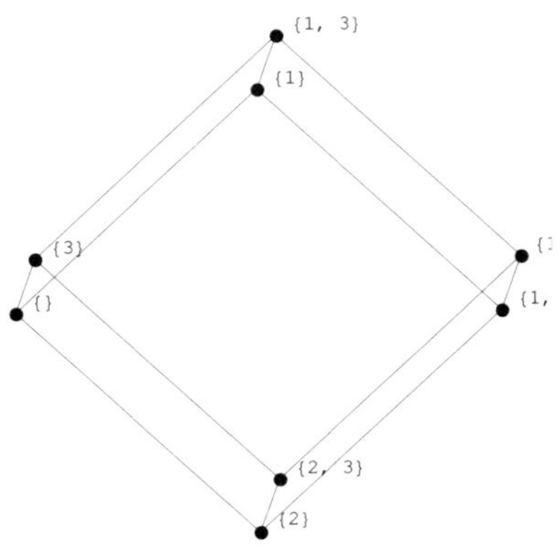

4 차원의 하이퍼큐브는 3 차원의 하이퍼큐브 두 개를 병렬로 놓고 각각의 vertex 를 대응시켜 만든 것으로 다음과 같이 시각화할 수 있다.

```
hcube4 = Hypercube[4];
ShowLabeledGraph[hcube4]
```

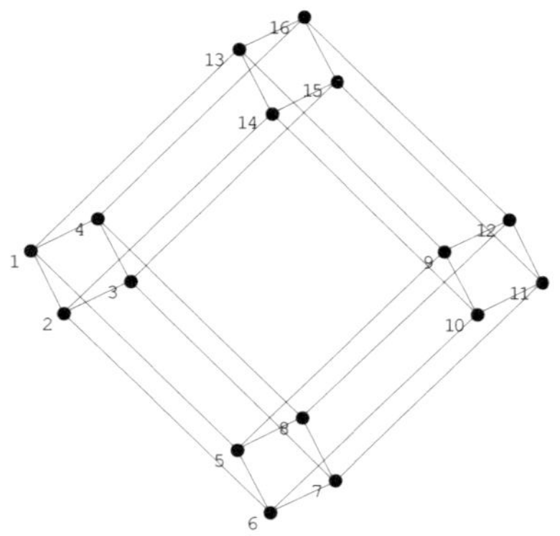


위에서와 마찬가지로 4 차원의 하이퍼큐브에서 네 개의 원소로 만들어지는 그레이코드를 해밀턴사이클로 만들 수 있다.

```
HamiltonianCycle[hcube4]
```

{1, 2, 3, 4, 8, 5, 6, 7, 11, 10, 9, 12, 16, 15, 14, 13, 1}

```
ShowLabeledGraph[Highlight[Hypercube[4],
{Partition[HamiltonianCycle[Hypercube[4]], 2, 1]}]];
```

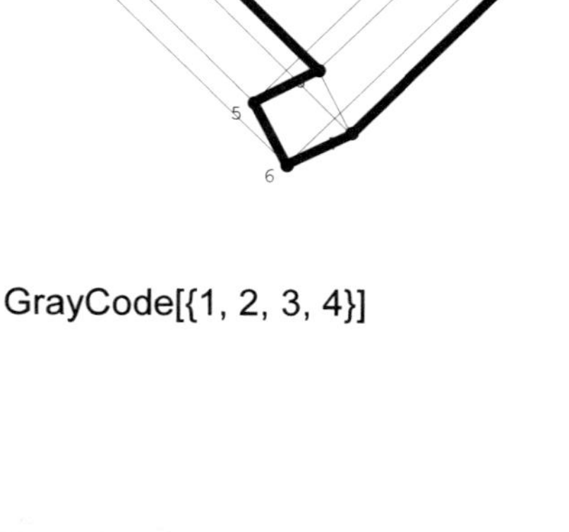

```
GrayCode[{1, 2, 3, 4}]
```

```
{{}, {4}, {3, 4}, {3}, {2, 3}, {2, 3, 4}, {2, 4}, {2}, {1, 2}, {1, 2, 4}, {1, 2, 3, 4}, {1, 2, 3}, {1, 3}, {1, 3, 4}, {1, 4},
{1}}
```

## 미로 문제

흔한 퍼즐의 하나로 미로 찾기 문제가 있고, 이것은 한붓그리기의 하나의 모델로 바꾸어 해결할 수 있다. 다음 그림에서 모든 방과 인접한 복도를 방문하는 방법으로 방과 방 사이의 문을 단 한 번만 지나며 모든 방을 찾는 길을 구하는 문제를 생각하여 보기로 하자.

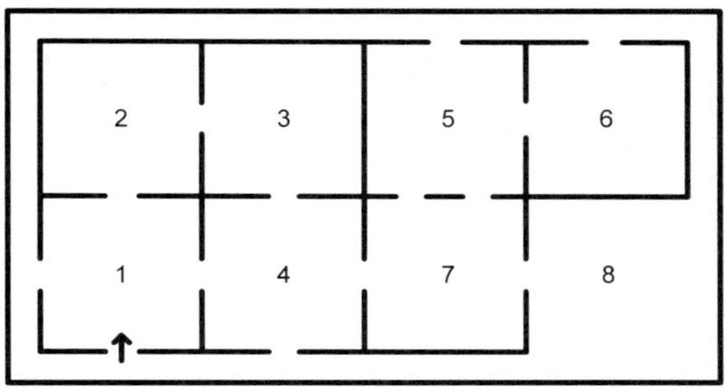


위의 문제를 그래프적으로 해석하여 문제를 해결할 때, 다음과 같이 이것은 바로 한붓그리기 문제가 된다.

이제 문제를 바꾸어 위에서처럼 방 문을 단 한 번 통과하는 조건 대신 방을 단 한 번만 찾아간다는 문제로 바꾸면 그것은 Hamiltonian cycle 의 문제가 되어 다음의 함수로 구할 수 있다.

1 에서 7 까지 각 방의 번호와 복도의 번호, 즉, 8 을 연결하는 edge 를 다음과 같이 만든다.

```
pairs = {{1, 8}, {1, 8}, {4, 8}, {1, 2}, {2, 3}, {1, 4}, {3, 4}, {4, 7}, {5, 7}, {5, 7}, {5, 6}, {5,
8}, {6, 8}, {7, 8}};
```

위에서 찾은 edge 를 이용하여 그래프를 만든다.

```
g = FromUnorderedPairs[pairs];
```

이제 위의 edge에 해당하는 시각적 표현으로 다음의 그래프를 얻는다.

```
ShowLabeledGraph[g]
```

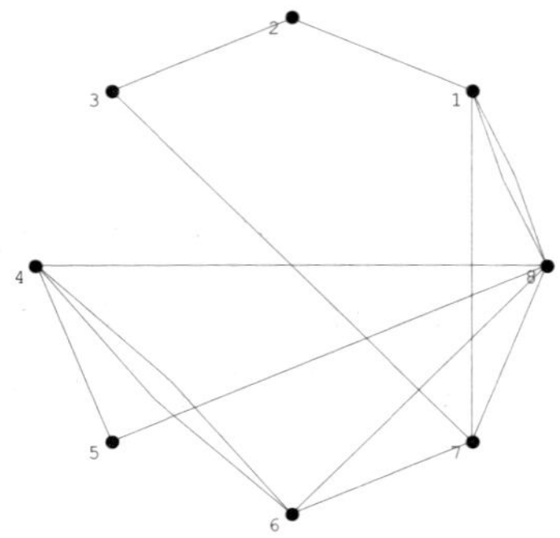


위의 그래프의 vertex의 차수를 나열하면 다음과 같이 모두 짝수인 것을 알 수 있어 오일러사이클, 즉, 한붓그리기의 조건을 만족시킨다.

그래프의 차수가 짝수인것을 확인한다.

```
Degrees[g]
  {4, 2, 2, 4, 4, 2, 4, 6}
```

위의 그래프에서 한붓그리기의 순서를 찾으면 다음과 같다.

```
EulerianCycle[g]
  {2, 3, 4, 1, 8, 5, 7, 5, 6, 8, 4, 7, 8, 1, 2}
```

문제를 해밀턴사이클의 한붓그리기 문제로 바꾸어 해결하면 다음과 같은 결과가 나온다.

```
HamiltonianCycle[g]
  {1, 2, 3, 4, 7, 5, 6, 8, 1}
```

마지막으로 이것을 주어진 문제에서의 방의 배치도와 유사한 구조로 그래프의 모양을 얻으려면 다음과 같은 명령으로 해결할 수 있다.

```
RootedEmbedding[g, 8]//ShowLabeledGraph
```

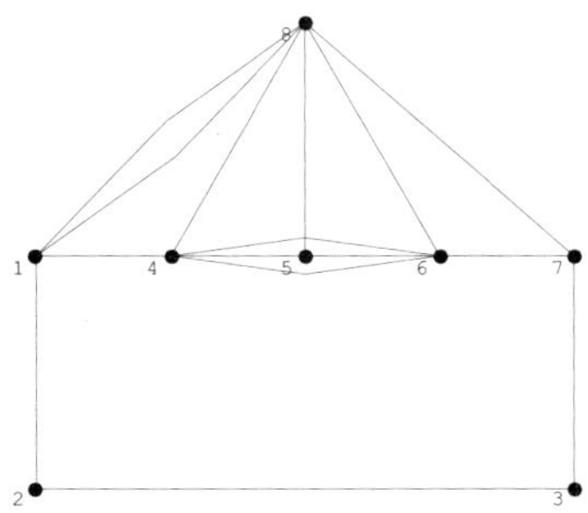


## 스패닝트리

지도에 나타난 도시들이 도로로 연결될 때 각각의 도시가 모두 연결되고, 또한 연결된 도시간에 중복된 도로가 없는 경우처럼, 모든 vertex 를 사이클 없이 연결하는 경우를 스패닝트리라 한다. 주어진 그래프에서 스패닝트리를 구하는 알고리즘도 Combinatorica 패키지에 구현되어 있다.

이제 스패닝트리와 스트링과의 관계를 이용하여 모든 스패닝트리를 구하는 방법인 프뤼퍼코드(Prüfer code)에 대하여 설명하여보자.

[정리]
서로 다른 $n$ 개의 vertex 를 가지고 만들 수 있는 스패닝트리의 개수, $T_n$ 은 $n^{n-2}$ 이다.

[설명]
$n$ - 2 개의 알파벳으로 만들 수 있는 단어의 수와 $n$ 개의 접점으로 이루어진 스패닝트리와는 1-1 대응이 있어 개수는 $n^{n-2}$ 가 된다.

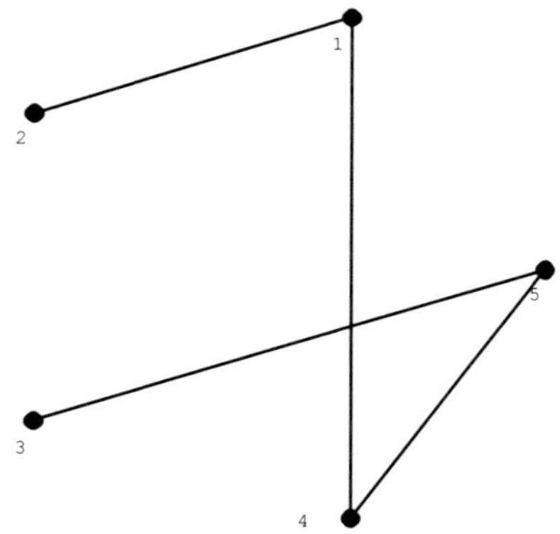

위의 그림은 단어 145 에 대응하는 트리이며 다음과 같이 찾을 수 있다. 각각의 vertex 에 해당하는 차수, d(1) = 2, d(2) = 1, d(3) = 1, d(4) = 2, d(5) = 2 이다.

그림에서 끝점에 해당하는 차수가 1 이며 vertex 의 번호가 가장 작은 것은 vertex 번호 2 이므로 이것을 제거하고 그것과 접한 vertex 의 번호를 적어준다. 이와 같이 *n*-2 번 반복하며 얻어지는 결과가 주어진 그래프에 해당하는 단어인 145 이다. 이와 같은 알고리즘을 정리하면 다음과 같다.

[스패닝트리에서 프뤼퍼코드를 만들어내는 알고리즘]

$i \leftarrow 1$

주어진 스패닝트리의 끝점에서 $j$ 를 가장 작은 수의 그것이라 하면, 그 점 $j$ 와 접속된 edge 를 떼어내고 그것에 붙어있는 vertex 가 만들어지는 프뤼퍼코드의 $i$ 번째 문자가 된다.

만일, $i = n - 2$ 이면 멈춘다.

$i = i + 1$

go to step 2.

[프뤼퍼코드에서 스패닝트리를 완성하는 알고리즘]

$i \leftarrow 1$

$j$ 를 $d(j) = 1$ 로 되는 가장 작은 번호의 vertex 라 하자. $j$ 와 $a_i$ 를 edge 로 연결하고 $d(j) \leftarrow 0$ 그리고 $d(a_i) \leftarrow d(a_i) - 1$

$i = n - 2$ 이면 degree 가 1 인 접점끼리 edge 를 연결하고 끝낸다.

```
i = i + 1
go to step 2.
```

그리고, 주어진 프뤼퍼코드에 대하여 그것에 해당하는 스패닝트리를 만드는 함수, CodeToLabeledTree 와 역으로 스패닝트리가 주어지면 그것을 단어로 바꾸는 함수, LabeledTreeToCode 는 위의 알고리즘을 따라 다음과 같이 작성된다.

위의 프로그램에 사용되는 함수, Strings 는 주어진 알파벳을 가지고 만드는 모든 단어를 만드는 기능으로 다음과 같이 재귀적으로 작성할 수 있다. 이것은 일반적으로 정의역이 {1, 2, ..., n}이고, 치역이 {1, 2, ..., k}인 함수의 의미로 해석할 수 있다.

위의 프로그램을 이용하여 다섯 개의 vertex 를 가지고 만들 수 있는 모든 $5^{5-2} = 125$ 개의 스패닝트리는 다음의 과정으로 만들어 볼 수 있다.

알파벳, {1, 2, 3, 4, 5}를 가지고 만들 수 있는 모든 세 자리 단어를 열거한다.

```
(code = Strings[{1, 2, 3, 4, 5}, 3])//Short
{{1, 1, 1}, {1, 1, 2}, {1, 1, 3}, {1, 1, 4}, <<119>>, {5, 5, 4}, {5, 5, 5}}
```

다섯 개의 vertex 를 가지고 만들 수 있는 $5^3$ 개의 모든 스패닝트리를 열거하여보자.

```
graf = CodeToLabeledTree /@ code;
```

여기서 함수 ShowGraph 를 이용하면 125 개의 그래프가 그려지는데, 각각의 그래프의 모양은 현재 우리의 관심이 아니므로, 일단 모니터로의 출력을 억제하고자 한다.

이에 필요한 기술로 다음과 같이 $DisplayFunction 의 값을 Idendity 로 정하면 되는데, 맨 마지막에는 그림을 그려야 하므로 원래의 $DisplayFunction 의 값을 변수 temp 에 저장해 두고 나중에 $DisplayFunction 값을 복원하면 원하는 결과를 얻을 것이다.

125 개의 그래프를 하나씩 그릴 때마다 그림이 화면에 출력되는 것을 막는 방법으로는 DisplayFunction->Identity 로 설정해주고, 맨 마지막에 DisplayFunction->$DisplayFunction 과 같이 해주면 그때부터 그래픽 결과가 컴퓨터 화면에 출력된다.

```
pics = ShowGraph[#, DisplayFunction->Identity]& /@ graf;

Show[GraphicsArray[Partition[pics, 25]], DisplayFunction->$DisplayFunction]
```

# 6 장

# 데이터 처리

데이터에 관한 질문으로, 주어진 데이터를 모두 연결하는 (정확한) 모델 대신에 왜 데이터 사이를 통과하는 (부정확한) 선형모델을 배우는지를 물을 수 있다.

이러한 의문에 대하여 이 장에서는 데이터를 정확하게 모두 잇는 것은 컴퓨터 그래픽과 같은 영역이고, 그렇지 않고 직선이나 이에 가까운 곡선을 찾는 것은 통계학의 영역이라는 것을 설명한다.

데이터를 연결하는 여러 가지 방법에 대하여 알아보고, 또, 데이터를 모두 이어 얻은 모델이 통계 모델로서는 쓸모가 없는지 알아 보기로 하자.

## 점의 연결

좌표 평면상의 점으로 데이터가 주어졌을 때 주어진 점을 연결하는 방법에 대하여 알아 보기로 하자. 처음 떠오르는 것은 데이터의 수에 맞는 모든 점을 연결하는 다항식 모델을 정하는 것일 수 있다. 하지만 역행렬을 구하는 것은 가장 계산적으로 비효율적이며 무엇보다 수치적 에러에 예민하여 전혀 실질적인 해결방법이 되지 못한다.

이러한 단점을 보완하는 방법 중에는 Newton 의 방법 등을 들 수 있다. 이러한 알고리즘에 대한 구체적인 설명은 수치해석의 책에서 자세히 다루는 내용이다. 반면, 이 책에서는 수학적인 유도과정보다 점을 연결하는 알고리즘의 전체적인 아이디어를 이해하고, 이에 관한 매스매티카의 기능을 활용하는 것에 초점을 맞추어 이야기를 전개하여 보기로 하자.

우선 간단한 예로, x 값이 각각 1, 2, 3, 4 이고, y 값이 x 의 제곱인 경우, 다시 말해, $y = x^2$ 의 그래프를 근사값으로 구성하고자 할 경우, 우선 이들 점을 잇는 그래프를 그려볼 수 있다.

```
xvals = {1, 2, 3, 4};
```

이것은 간단히 다음과 같이 List 의 특성을 이용하여 전체를 제곱할 수 있다.

```
xSq = xvals^2
{1, 4, 9, 16}
```

Transpose 는 x 값, y 값을 받아 x-y 값의 쌍으로 묶어 주는 전형적인 테크닉이다.

```
Transpose[{xvals, xSq}]
{{1, 1}, {2, 4}, {3, 9}, {4, 16}}
```

```
ListPlot[%, PlotJoined->True]
```

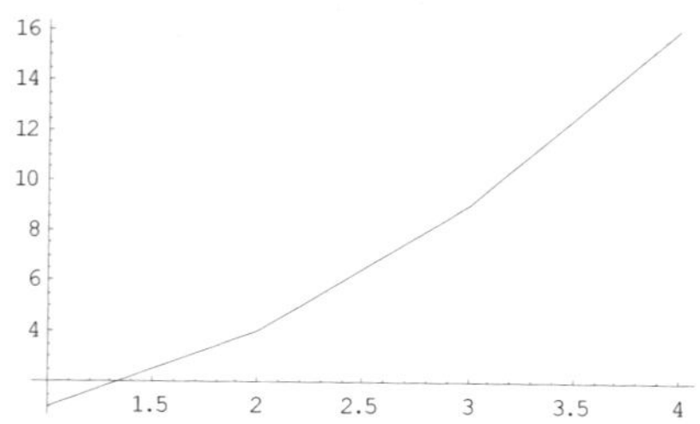


이제 주어진 데이터를 가지고 위의 그래프를 함수로 나타내기 위한 가장 쉬운 방법은 매스매티카의 기본함수인 InterpolatingPolynomial 을 사용하는 것이다.

```
InterpolatingPolynomial[xSq, x]
1+(-1+x) (1+x)
```

```
Expand[%]
x^2
```

일반적인 y 값, {a, b, c}가 주어지면 이들 점을 잇는 보간함수(interpolation function)는 기본함수, InterpolatingPolynomial 을 이용하여 구할 수 있다. 이렇게 얻어진 결과를 확인하는 방법으로 x 값, 3 을 대입하면 물론 의도했던 바와 같이 c 가 나오는 것을 본다.

```
f[x_] = InterpolatingPolynomial[{a, b, c}, x]
```

$$a+\left(-a+b+\frac{1}{2}(a-2b+c)(-2+x)\right)(-1+x)$$

```
f[3]
```

$$a+2\left(-a+b+\frac{1}{2}(a-2b+c)\right)$$

```
Expand[%]
```

c

위의 예를 조금 더 일반적인 경우로 확장하여 각각의 점의 좌표값을 주는 방법도 있다.

```
InterpolatingPolynomial[{{x0, y0}, {x1, y1}, {x2, y2}}, x]
```

$$y0+(x-x0)\left(\frac{-y0+y1}{-x0+x1}+\frac{(x-x1)\left(-\frac{-y0+y1}{-x0+x1}+\frac{-y1+y2}{-x1+x2}\right)}{-x0+x2}\right)$$

더 나아가서, 그래프의 특징을 더 확실하게 하기 위하여 특정한 점에서의 1 차 미분값과 2 차 미분값까지 정해줄 수 있다.

```
poly = InterpolatingPolynomial[
  {{x0, y0}, {x1, {y1, y1p, y1pp}}, {x2, y2}}, x]
```

$$y0+(x-x0)\left(\frac{-y0+y1}{-x0+x1}+(x-x1)\left(\frac{-\frac{-y0+y1}{-x0+x1}+y1_p}{-x0+x1}+(x-x1)\left(\frac{(x-x1)\left(\frac{\frac{\frac{-y1+y2}{-x1+x2}-y1_p}{-x1+x2}-\frac{y1_{pp}}{2}}{-x1+x2}-\frac{-\frac{-\frac{-y0+y1}{-x0+x1}+y1_p}{-x0+x1}+\frac{y1_{pp}}{2}}{-x0+x1}\right)}{-x0+x2}+\frac{-\frac{-\frac{-y0+y1}{-x0+x1}+y1_p}{-x0+x1}+\frac{y1_{pp}}{2}}{-x0+x1}\right)\right)\right)$$

이렇게 하여 얻어진 결과를 확인하기 위하여 얻은 함수가 실제로 주어진 조건을 만족시키는지 알아보자.

위의 식을 한 번 미분하고, x 값에 x1 을 대입하여 본다.

```
D[poly, x] /. x -> x1
```

$y1_p$

이번에는 위의 식을 두 번 미분하고, x 값에 x1 을 대입하여 본다.

```
D[poly, {x, 2}] /. x -> x1
```

$$\frac{2\left(-\frac{-y0+y1}{-x0+x1}+y1_p\right)}{-x0+x1}+2\left(-\frac{-\frac{-y0+y1}{-x0+x1}+y1_p}{-x0+x1}+\frac{y1_{pp}}{2}\right)$$

위의 결과를 정리하여 간략히 하면 2 차 미분값이라는 것을 알 수 있다. 이와 같이 매스매티카의 결과값을 Expand, Simplify 등의 함수를 사용하여 간단히 해주는 것이 필요한 경우가 있다.

```
Expand[%]
```

$y1_{pp}$

보간함수를 구하는 데에 필요한 계수의 계산에는 divided difference 의 방법이 있다. 자세한 내용은 일반적인 수치해석 교재를 참조하기로 하고, 여기서는 매스매티카적 방법에 대하여 논하기로 하자.

키보드의 밑줄 키가 한 번 들어가면 단 한 개의 변수를 의미하고, 세 번 들어가면 변수의 개수가 0 이상을 뜻한다. 아래의 경우 f[x_, y___, z_]는 변수, x, z 에 해당값은 단 하나이고, y 가 아예 없는 경우, 즉, f[x_, y_]의 경우도 만족시킨다.

```
f[x_, y___, z_] := (f[y, z] - f[x, y]) / (z - x)
```

함수 f 의 계산과정을 알고자하면 매스매티카 기본함수, on 을 사용하며, 이러한 디버깅 장치는 프로그램에 있어 때에 따라 매우 긴요하게 쓰인다.

```
On[f]
```

```
f[1, 2, 3]
```

```
f::trace : f[1, 2, 3] --> (f[2, 3] - f[1, 2])/(3 - 1). More
f::trace : f[2, 3] --> (f[3] - f[2])/(3 - 2). More
f::trace : f[3] --> a + (-a + b + 1/2 (a - 2 b + c) (-2 + 3)) (-1 + 3). More
f::trace : f[2] --> a + (-a + b + 1/2 (a - 2 b + c) (-2 + 2)) (-1 + 2). More
f::trace : f[1, 2] --> (f[2] - f[1])/(2 - 1). More
f::trace : f[2] --> a + (-a + b + 1/2 (a - 2 b + c) (-2 + 2)) (-1 + 2). More
f::trace : f[1] --> a + (-a + b + 1/2 (a - 2 b + c) (-2 + 1)) (-1 + 1). More
```

$$\frac{1}{2}\left(2\,a-2\,b+2\left(-a+b+\frac{1}{2}\,(a-2\,b+c)\right)\right)$$

트레이스 기능은 이제 꺼준다.

```
Off[f]
```

패턴매칭은 매스매티카의 중요한 기능으로 함수 f가 정의한 바와 같이 f[1, 2, 3, 4]의 경우 x와 z는 정확하게 단 한 개만의 값을 취하므로 맨 처음과 맨 마지막 값으로 정해지고 나머지 2, 3은 y 값이 된다.

```
f[1, 2, 3, 4]
```

$$\frac{1}{3}\left(\frac{1}{2}\left(-a+b+3\,(-b+c)-4\left(-a+b+\frac{1}{2}\,(a-2\,b+c)\right)\right)+\frac{1}{2}\left(-2\,a+2\,b-2\left(-a+b+\frac{1}{2}\,(a-2\,b+c)\right)\right)\right)$$

```
f[2, 3, 4]
```

$$\frac{1}{2}\left(-a+b+3\,(-b+c)-4\left(-a+b+\frac{1}{2}\,(a-2\,b+c)\right)\right)$$

이제 데이터를 가지고 곡선을 만드는 기본 개념을 이해하고, 나아가 문제를 해결하는 매스매티카적 기술을 연구하기로 하자.

```
points = {{0.0, -0.8}, {0.6, -0.34}, {1.5, 0.59}, {1.7, 0.59}, {1.9, 0.23}, {2.1, 0.1}, {2.3, 0.28}, {2.6, 1.03}, {2.8, 1.5}, {3.0, 1.44}, {3.6, 0.74}, {4.7, -0.82}, {5.2, -1.27}, {5.7, -0.92}, {5.8, -0.92}, {6.0, -1.04}, {6.4, -0.79}, {6.9, -0.06}, {7.6, 1.0}, {8.0, 0.0}};
```

위의 데이터를 그래프로 표현하면 다음과 같이 웨이브 모양을 가진 것을 알 수 있다.

```
ListPlot[points, Prolog -> PointSize[0.02]]
```

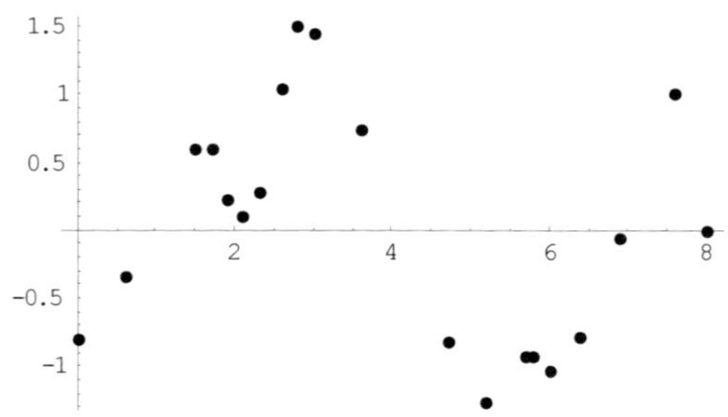


여기서 데이터를 만드는 유용한 매스매티카 기술 한 가지를 설명하기로 하자. 위의 그래프에 마우스를 한 번 클릭하면 그래픽이 잡히는 것을 알 수 있다. 잡힌 그래픽 위에 마우스를 드래그하면 마우스를 따라가며 점이 생긴다.

이때, 오른쪽 마우스를 누르고 copy 하여 paste 를 하면 원하는 점들의 좌표가 숫자로 나오는 것을 알 수 있다.

위의 점을 연결하여보는 가장 기본적인 방법은 옵션, PlotJoined->True 를 사용하는 것이다.

```
ListPlot[points, PlotJoined->True]
```

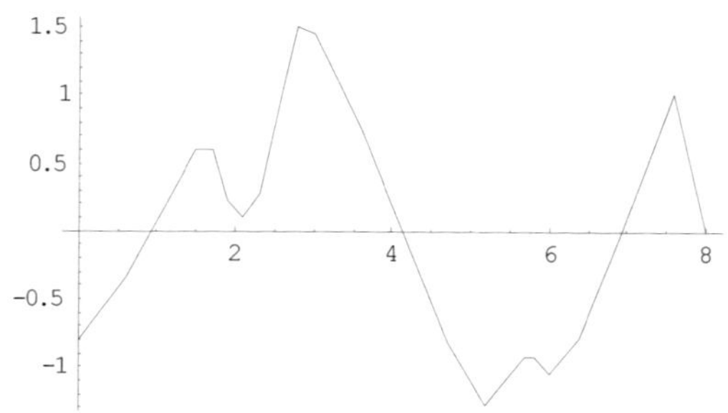


위의 그래프의 모양과 유사한 다항함수를 얻기 위하여 InterpolatingPolynomial 를 사용한다.

```
interpoly = InterpolatingPolynomial[points, x];
```

```
-0.8 +
 (0.766667 + (0.177778 + (-0.65716 + (-1.09567 + (5.29336 + (-8.26096 + (7.62406 +
                 (-5.95282 + (4.11317 + (-1.89346 + (0.532819 - (-0.111139 +
                              (0.013412 + (0.00209594 + (-0.00228201 +
                                (0.000982807 + (-0.000305716 +
                                (0.0000742677 - 0.0000160244 (-7.6 + x))
                                (-6.9 + x)) (-6.4 + x)) (-6. + x))
                                (-5.8 + x)) (-5.7 + x)) (-5.2 + x))
                             (-4.7 + x)) (-3.6 + x)) (-3. + x))
                  (-2.8 + x)) (-2.6 + x)) (-2.3 + x)) (-2.1 - x))
          (-1.9 + x)) (-1.7 + x)) (-1.5 + x)) (-0.6 + x)) (0. + x)
```

실제로 그래프의 모양을 확인하여 보면 전혀 다른 모양이다.

```
Plot[interpoly, {x, 0, 8}]
```

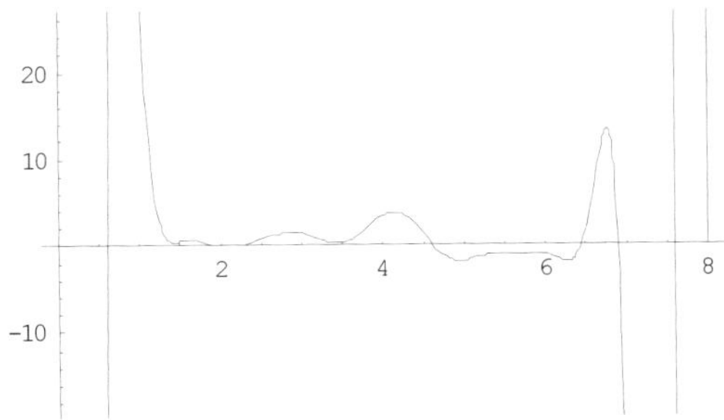


감각적으로 매스매티카의 그래프가 예상 밖일 때는 옵션, PlotRange->All 을 한 번 사용하여 본다. 그러나, 이것 역시 원래의 그래프와는 크게 다르다는 것을 알 수 있다.

```
Plot[interpoly, {x, 0, 8}, PlotRange -> All]
```

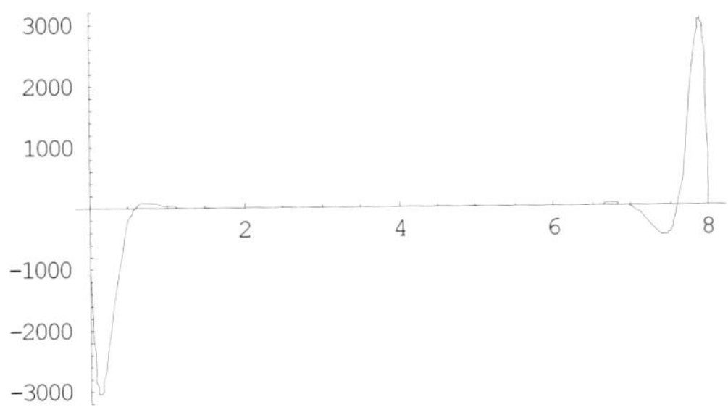

기대한 그래프와의 거리가 워낙 커서 보간함수의 정확성을 의심하게 된다. 그것을 확인하기 위하여 변수, interpoly 가 주어진 데이터를 만족시키는 지를 알아보기로 하자.

여기서 x 값을 함수에 대입하여 y 값과 같은가를 확인하는 방법으로 ((#2 == interpoly /. x -> #1 & ) @@ #1 & ) /@ points 와 같이 하는 것보다 y 값 #2 와 interpoly /. x -> #1 을 뺀 값과 0 을 비교하는 것이 수치적으로 바른 방법이다.

```
(#2 == interpoly /. x -> #1) & @@ # & /@ points
```

```
{True, True, True, True, True, True, True, True, True, True, False, False, False, False, False, False,
False, False, False, False}
```

```
(((#2 - interpoly /. x -> #1) == 0 & ) @@ #1 & ) /@ points
```

```
{True, True, False, False, False, False, False, False, False, False, False, False, False, False, False,
False, False, False, False, False}
```

일단 해결하는 방법으로 기본함수, Interpolation 을 사용하면 처음 ListPlot 을 이용한 그래프와 같은 모양을 얻는다.

```
poly = Interpolation[points]
```

```
InterpolatingFunction[{{0., 8.}}, <>]
```

```
Plot[poly[x], {x, 0, 8}]
```

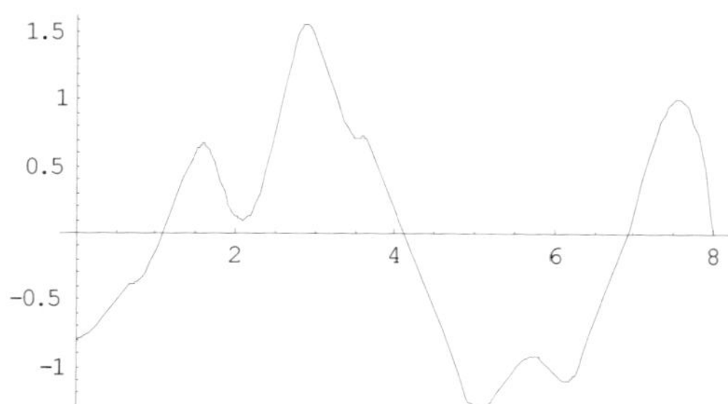


주어진 점을 통과하고, 그 점에서 1 차 미분값과 2 차 미분값이 같을 경우, 즉, 점을 통과하고 매끈하게 연결된 함수를 찾는 방법은 패키지 함수인 SplineFit 를 이용하는 방법이 있다.

```
<<NumericalMath`
spline = SplineFit[points, Cubic]
SplineFunction[Cubic, {0.,19.}, <>]
```

ParametricPlot 을 이용하는 방법도 있다.

```
ParametricPlot[spline[u], {u, 0, 19}, PlotRange->All, Compiled->False]
```

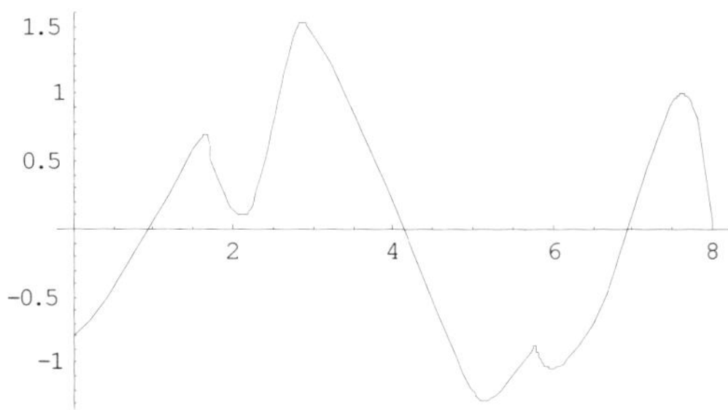


이제 점을 연결하는 방법에서 x 값을 어떻게 잡느냐에 따라 연결의 결과가 다르게 나오는 예를 보기로 하자.

코시(Cauchy)분포의 확률밀도함수의 경우 수학적으로 적분 불능이어서 코시분포를 따르는 확률변수는 기대값이 존재하지 않는다. 이러한 경우 적분값을 흔히 다항식 등으로 근사하여 구한다.

이러한 경우 x 점을 잡는 것은 임의로할 수 있다. 위의 예에서 보았듯이 보간함수를 구하는데서 문제는 구간 밖에서는 다항함수가 매우 불안정하다는 것이다. 이러한 문제를 해결하는 방법이 Chebyshev 노드다.

코시분포의 확률밀도함수를 구한다.

```
<<Statistics`
cauchyPDF[x_] = PDF[CauchyDistribution[0], x]
```

$$\frac{1}{\pi\ (1 + x^2)}$$

Cauchy 확률함수의 기대값을 정의에 따라 구하고자 시도하나 구할 수 없다는 것을 안다.

$$\int_{-\infty}^{\infty} \mathbf{x\ cauchyPDF[x]\ dx}$$

```
Integrate::idiv :
 Integral of x/(π + π x^2) does not converge on {-∞, ∞}. More
```

$$\int_{-\infty}^{\infty} \frac{x}{\pi\ (1 + x^2)}\, dx$$

물론 패키지를 사용하여도 불가능한 것을 알 수있다.

```
Mean[CauchyDistribution[0]]
 Indeterminate
```

Cauchy 함수와 유사한 함수를 근사하기 전에 그래프를 그려본다.

$$\mathbf{func = Plot\left[\frac{1}{1 + 25\ x^2},\ \{x, -1, 1\},\ AxesOrigin \to \{0, 0\}\right]}$$

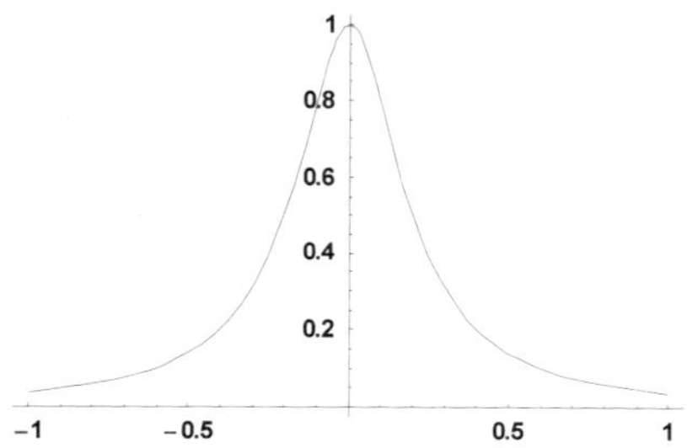


구간 (-1, 1)에서 크기가 0.2 간격으로 균등하게 점을 잡아간다.

```
abscissa = Range[-1, 1, 0.2]
 {-1, -0.8, -0.6, -0.4, -0.2, 5.55112 ×10^-17, 0.2, 0.4, 0.6, 0.8, 1.}
```

위의 x 값을 함수에 대입하여 y 값을 구한다.

$$\mathbf{funcvals = N\left[Table\left[\frac{1}{1 + 25\ x^2},\ \{x, -1, 1, 0.2\}\right]\right]}$$

```
{0.0384615, 0.0588235, 0.1, 0.2, 0.5, 1., 0.5, 0.2, 0.1, 0.0588235, 0.0384615}
```

이제 함수값을 구하고나서 상응하는 x, y 값을 각각 묶어준다.

```
points = Transpose[{abscissa, funcvals}]
```

```
{{-1, 0.0384615 }, {-0.8 , 0.0588235 }, {-0.6 , 0.1 },
 {-0.4 , 0.2 }, {-0.2 , 0.5 }, {5.55112 × 10^-17, 1. }, {0.2 , 0.5 },
 {0.4 , 0.2 }, {0.6 , 0.1 }, {0.8 , 0.0588235 }, {1. , 0.0384615 }}
```

균일한 크기의 구간으로 잡은 점을 연결한 보간 함수를 구하여 보자.

```
poly = InterpolatingPolynomial[points, x]
```

```
0.038461538461538464 +
 (1 + x) (0.10180995475113117 + (0.8 + x)
     (0.26018099547511336 + (0.6000000000000001 + x)
        (0.7918552036199085 + (0.39999999999999997 + x)
           (2.68665158371041 + (-6.363122171945715 +
                (-17.675339366515793 +
                   (84.84162895927592 +
                      (-167.9157239819003 +
                         (220.9417420814478 -
                           220.94174208144787 (-0.8 -
                           x)) (-0.6000000000000001 -
                           x)) (-0.4000000000000001 -
                        x)) (-0.20000000000000007 +
                      x)) (-5.55112 × 10^-17 + x))
             (0.19999999999999996 + x)))))
```

위에서 구한 함수는 원래 함수와 크게 다르다는 것을 그림으로 알 수 있다.

```
runge = Plot[poly, {x, -1.0, 1.0}, PlotStyle -> {RGBColor[0, 0, 1]}, AxesOrigin -> {0,
0}, PlotRange -> All]
```

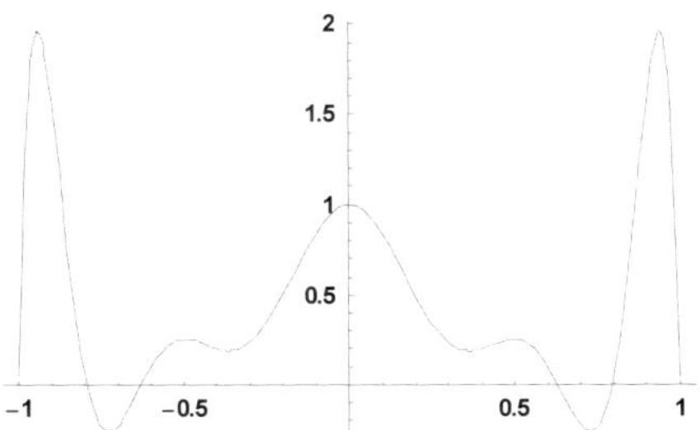


두 개의 그래프를 합하여 보면, 그래프의 중간에서는 어느 정도 맞으나 양쪽 가장자리로 갈수록 전혀 다르게 되는 것을 알 수 있다.

```
Show[func, runge]
```

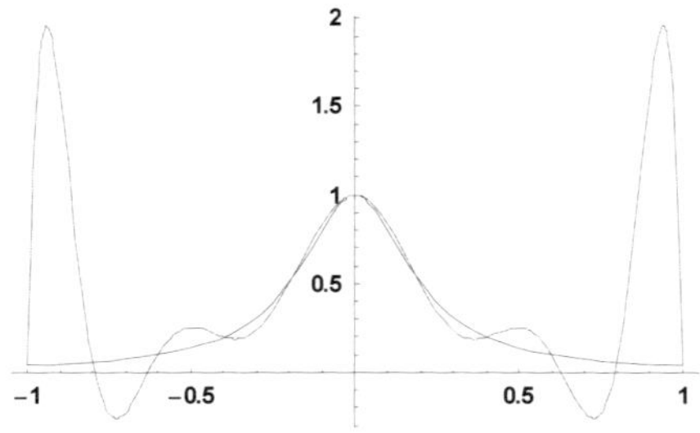

위의 문제는 다음과 같이 샘플링할 때 x 값을 균등하게 잡지 않고 Chebyshev 노드로 잡아 문제를 해결할 수 있다.

```
Clear[x, i, k]
```

```
x[k_] := N[Table[Cos[(2 i + 1) π / (2 k)], {i, k - 1, 0, -1}]]
```

```
chebynodes = x[11]
```

```
{-0.989821, -0.909632, -0.75575, -0.540641, -0.281733, 0., 0.281733, 0.540641, 0.75575, 0.909632,
0.989821}
```

이것은 직교 함수인 Chebyshev 다항 함수가 x 축과 만나는 점이다.

```
Table[ChebyshevT[i, x], {i, 0, 5}]
```

$\{1,\ x,\ -1+2x^2,\ -3x+4x^3,\ 1-8x^2+8x^4,\ 5x-20x^3+16x^5\}$

```
Plot[Evaluate[%], {x, -1, 1}]
```

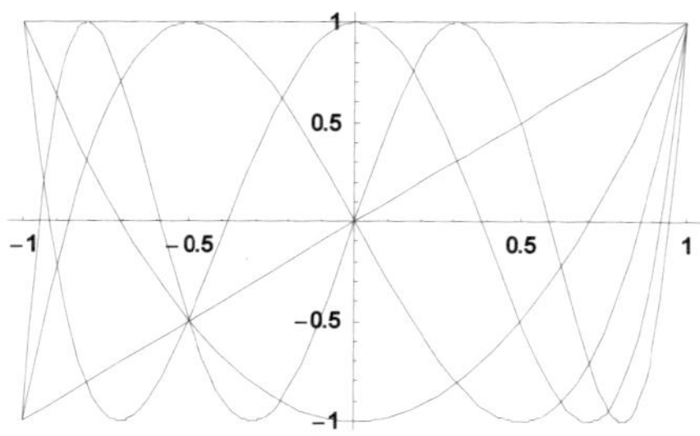

```
chebypoly = ChebyshevT[11, x]
```

$-11x+220x^3-1232x^5+2816x^7-2816x^9+1024x^{11}$

위의 다항식을 0 으로 놓고 풀면 구하는 Chebyshev 노드를 구할 수 있다.

```
NSolve[chebypoly == 0, x]
```

```
{{x -> -0.989821}, {x -> -0.909632}, {x -> -0.75575}, {x -> -0.540641}, {x -> -0.281733}, {x -> 0.}, {x ->
0.281733}, {x -> 0.540641}, {x -> 0.75575}, {x -> 0.909632}, {x -> 0.989821}}
```

앞에서 언급한대로 Chebyshev 노드를 이용하여 다시 보간함수를 만들어 위의 문제가 해결되는 것을 확인하기로 하자.

```
newpoints = Table[{chebynodes[[i]], 1/(1 + 25*chebynodes[[i]]^2)}, {i, 1, 11}]
```

```
{{-0.989821, 0.0392254}, {-0.909632, 0.0461132}, {-0.75575, 0.0654496}, {-0.540641, 0.120376}, {-
0.281733, 0.335083}, {0.,1.}, {0.281733, 0.335083}, {0.540641, 0.120376}, {0.75575, 0.0654496},
{0.909632, 0.0461132}, {0.989821, 0.0392254}}
```

Chebyshev 노드를 이용하여 보간함수를 구한다.

```
chebypoly = InterpolatingPolynomial[newpoints,x]
```

```
0.0392254 + (0.989821 + x) (0.0858938 +
   (0.909632 + x) (0.169875 + (0.75575 + x) (0.404255 + (0.540641 + x) (1.36189 +
         (0.281733 + x) (-0.514156 + (-10.1952 - (26.7789 + (-40.1217 +
                  (46.1583 - 46.6329 (-0.909632 + x)) (-0.75575 + x))
               (-0.540641 + x)) (-0.281733 + x)) (0. + x))))))
```

이제 앞에서 관찰하였던 문제가 얼마만큼 해소되는지 알아보자.

```
Plot[chebypoly, {x, -1, 1}, PlotRange->All]
```

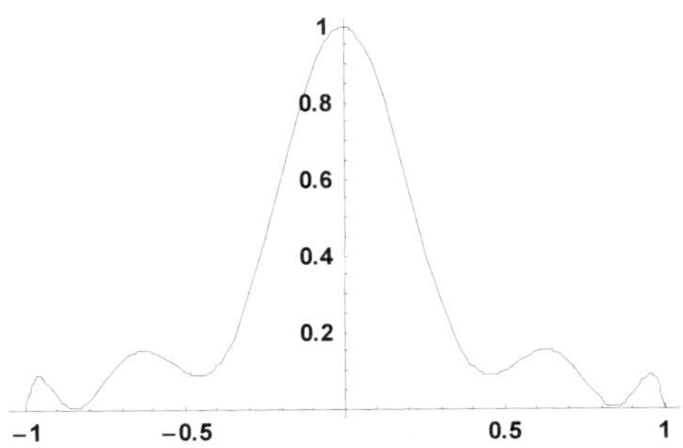


기대에 맞게 상당히 가까이 가까운 것을 알 수 있다. 특히, 앞에서 균등한 점으로 샘플링했을 경우 그래프의 좌우 양쪽 끝 부분에서 마구 흔들렸던 것과 비교하여 매우 안정적인 것을 확인할 수 있다.

```
Show[%, func]
```

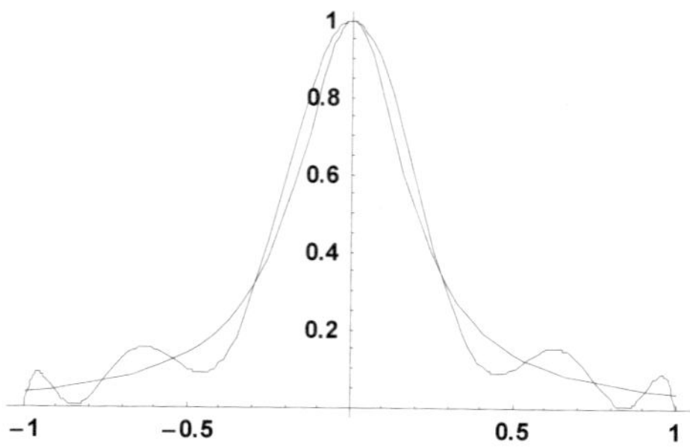


## 다항식 모델

매스매티카를 이용한 데이터 처리는 중요한 기본기술이다. 이 장에서는 매스매티카를 이용하여 데이터의 통계적 분석의 기본 개념과 기술에 대하여 설명하여 보자.

앞에서 설명한 데이터 값을 선으로 연결하는 방법은 마치 컴퓨터로 그림을 그리듯 데이터를 단순한 점으로 본 경우이고, 한편 데이터가 단순한 점이 아닌 확률 변수의 값으로 이해할 경우는 통계적 모델을 설정하는 것이다.

우선 다항식을 이용하여 주어진 데이터 값을 연결하는 통계 분석에서 흔히 발생하는 오류에 대한 대응 방법을 알아보자.

아래는 1900년부터 1970년까지 미국의 인구에 대한 데이터이다.

```
<<LinearAlgebra`
<<Statistics`
```

여기서 기본함수, N을 사용한 이유는 통계적 계산에서는 대부분 소수점을 원칙으로 하고 있고, 앞으로 배울 SVD의 경우처럼 데이터값을 소수점으로 주어야 하는 경우도 있다.

```
year = N[{1900, 1910, 1920, 1930, 1940, 1950, 1960, 1970}];
pop = N[{75994575, 91972266, 105710620, 122775046, 131669275, 150697361,
179323175, 203235298}];
```

연도(year)와 인구(pop)의 그래프를 그려보면 우선적으로 기본함수, Transpose 를 사용하여 x-y 값의 쌍으로 묶어 준다.

```
data = Transpose[{year, pop}];
```

TableForm 을 이용하여 주어진 데이터를 표의 모양으로 정리한다.

```
TableForm[data, TableHeadings-> {Automatic, {"year", "Population"}}]
```

| | year | Population |
|---|---|---|
| 1 | 1900. | $7.59946\times10^{7}$ |
| 2 | 1910. | $9.19723\times10^{7}$ |
| 3 | 1920. | $1.05711\times10^{8}$ |
| 4 | 1930. | $1.22775\times10^{8}$ |
| 5 | 1940. | $1.31669\times10^{8}$ |
| 6 | 1950. | $1.50697\times10^{8}$ |
| 7 | 1960. | $1.79323\times10^{8}$ |
| 8 | 1970. | $2.03235\times10^{8}$ |

이제 x-y 값을 ListPlot 을 해보면 직선에 가까운 모양이 되는 것을 알 수 있다. 이러한 그림을 두고 여기서 어떤 판단을 세울 것인가에 대해 생각하여 보자.

```
ListPlot[data, AxesLabel->{"Year", "Population"}, Prolog->PointSize[0.02]]
```

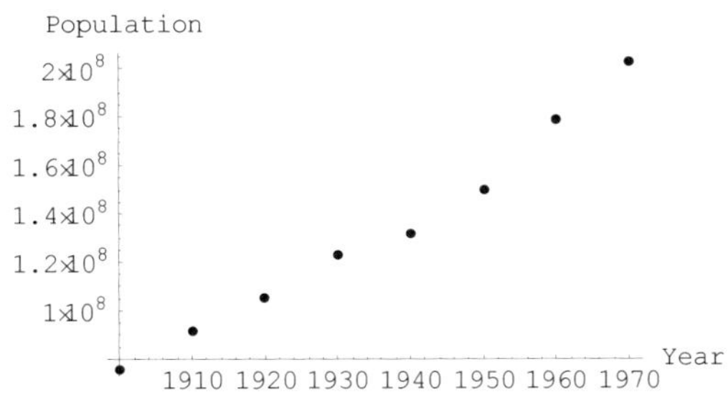


가장 미련한 방법으로 모든 점을 통과하는 다항식으로 모델을 정할 경우 8 개의 데이터가 있으므로 8 개의 미지수를 가진 $y = a_0 + a_1x + \cdots + a_7x^7$ 의 꼴이 된다.

이렇게 정해진 모델에 주어진 데이터 값을 대입하여 방정식을 풀면 계수를 구할 수 있으나, 앞으로 설명하겠지만 이렇게 구해진 통계모델은 아무 쓸모가 없다.

다항식, $y = a_0 + a_1 x + \cdots + a_7 x^7$ 의 $x$ 값에 변수 year를 각각 대입하면 아래와 같은 행렬을 얻는다. 통계 패키지의 함수 DesignMatrix를 이용하여 다항식의 계수에 관한 행렬을 만들어 그것의 역수를 구하여볼 수 있다.

물론 이것은 패키지 함수,DesignMatrix를 사용하지 않고 Table을 이용하여 구할 수도 있다.

```
basis = {1, x, x^2, x^3, x^4, x^5, x^6, x^7};
A = DesignMatrix[data, basis, x]
```

$$\begin{pmatrix} 1 & 1900. & 3.61\times10^{6} & 6.859\times10^{9} & 1.30321\times10^{13} & 2.4761\times10^{16} & 4.70459\times10^{19} & 8.93872\times10^{22} \\ 1 & 1910. & 3.6481\times10^{6} & 6.96787\times10^{9} & 1.33086\times10^{13} & 2.54195\times10^{16} & 4.85512\times10^{19} & 9.27328\times10^{22} \\ 1 & 1920. & 3.6864\times10^{6} & 7.07789\times10^{9} & 1.35895\times10^{13} & 2.60919\times10^{16} & 5.00965\times10^{19} & 9.61853\times10^{22} \\ 1 & 1930. & 3.7249\times10^{6} & 7.18906\times10^{9} & 1.38749\times10^{13} & 2.67785\times10^{16} & 5.16825\times10^{19} & 9.97473\times10^{22} \\ 1 & 1940. & 3.7636\times10^{6} & 7.30138\times10^{9} & 1.41647\times10^{13} & 2.74795\times10^{16} & 5.33102\times10^{19} & 1.03422\times10^{23} \\ 1 & 1950. & 3.8025\times10^{6} & 7.41488\times10^{9} & 1.4459\times10^{13} & 2.81951\times10^{16} & 5.49804\times10^{19} & 1.07212\times10^{23} \\ 1 & 1960. & 3.8416\times10^{6} & 7.52954\times10^{9} & 1.47579\times10^{13} & 2.89255\times10^{16} & 5.66939\times10^{19} & 1.1112\times10^{23} \\ 1 & 1970. & 3.8809\times10^{6} & 7.64537\times10^{9} & 1.50614\times10^{13} & 2.96709\times10^{16} & 5.84517\times10^{19} & 1.1515\times10^{23} \end{pmatrix}$$

이제 위의 행렬을 자세히 보면 첫째 열과 둘째 열의 경우 모두 1의 행렬에 가까운 것을 알 수 있다. 즉, 이것은 선형종속에 가깝다는 것을 뜻하여 행렬 A가 singular에 가까워 역행렬을 구할 수 없거나 구해도 정확도가 없다는 것을 의미한다.

이것은 아래의 계산 결과의 매스매티카 경고 메시지에서도 확인할 수 있다.

```
coeff = Inverse[A] . pop
  Inverse::luc: Result for Inverse of badly conditioned matrix
```

이제 앞에서와 같은 주어진 점을 모두 연결하는 방법의 문제점을 정리하기로 하자.

1. 우선, 실제의 상황이 위의 예에서처럼 7차 다항식과 같이 복잡한 모델이라 기대하기 어렵다.
2. 데이터를 모두 연결하면 주어진 범위 내의 데이터는 잘 설명한다 하더라도 이렇게 정해진 통계모델을 가지고 데이터 범위 밖의 값, 즉, 과거를 추측하거나 미래를 예측하는 기능은 전혀 없게 된다.
3. 위의 예에서처럼 이런 모델은 자칫 선형종속의 행렬이 나오게 되어 수치적으로 불안하고, 고성능의 컴퓨터를 사용한다 하여도 이러한 값은 신뢰하기 어렵다.

이제 이와 같이 데이터를 모두 연결하여 통계 모델을 구하는 방법의 문제점을 여러 측면에서 분석하고, 해결하는 방법에 대하여 자세히 설명하기로 한다.

위에서 역행렬을 이용해 구한 변수 coeff 와 다항식의 각 항을 나타내는 변수 basis 의 내적으로 7 차 다항식의 모델을 구해 본다. 물론, 이 결과는 앞에서 설명한 바와 같이 수치적 에러로 인해 신뢰할 수 없다.

```
interpoly1 = coeff . basis
```

$$-3.1178\times10^{20}+1.1273\times10^{18}\,x-1.7468\times10^{15}\,x^2+1.50369\times10^{12}\,x^3-7.76632\times10^{8}\,x^4+240663.\,x^5-41.4304\,x^6+0.00305661\,x^7$$

위의 그림의 모든 점을 통하는 그래프의 방정식을 구하는 방법은 위에서와 같이 역행렬을 이용하는 방법 외에 Lagrange 와 Newton 의 방법을 이용하여 구할 수 있다. 이 방법은 매스매티카의 기본함수 InterpolatingPolynomial 을 이용하여 구할 수 있다.

```
interpoly2 = InterpolatingPolynomial[data, x]
```

$$7.59946\times10^{7}+(1.59777\times10^{6}+(-11196.7+(927.568+(-71.0903+(3.90517+(-0.132642+0.00296047\,(-1960.+x))\,(-1950.+x))\,(-1940.+x))\,(-1930.+x))\,(-1920.+x))\,(-1910.+x))\,(-1900.+x)$$

그러면 이론적으로 같은 결과를 주는 위의 두 가지 방법을 비교하여 보기로 하자. 우선 각각의 방정식에 x 값, 즉, 변수 year 를 대입하여 볼 수 있겠다. 그 결과는 상당히 차이가 있다는 것을 확인할 수 있다.

```
Table[{interpoly1, interpoly2} /. x -> year[[i]], {i, 8}]
```

이것을 그래프로 그려 두 모델을 비교하여 보면 상당한 차이가 있는 것을 확인할 수 있다.

```
Plot[{interpoly1, interpoly2}, {x, 1900, 1970}, AxesOrigin -> {1900, 75994575}]
```

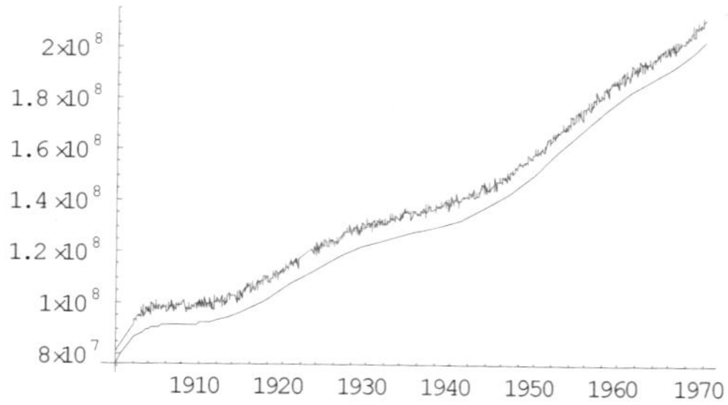


예상했던 대로 역행렬을 이용한 방법은 singular 행렬에 가까워졌다는 사실에 문제가 있다. 이러한 수치적 문제만을 해결하는 방법의 하나로, 다음과 같이 간단히 변수 year 를 1935 년을 중심으로 scale 을 바꾸어 주면 다른 y-벡터가 만들어질 것이다.

```
centered = (year - 1935)/10
 {-3.5, -2.5, -1.5, -0.5, 0.5, 1.5, 2.5, 3.5}
```

이제 변수 year 를 위의 방법으로 바꾼 후 앞에서와 똑같은 역행렬을 이용하는 방법을 반복하여 보기로 하자.

```
centeredData = Transpose[{centered, pop}]

basis = {1, x, x^2, x^3, x^4, x^5, x^6, x^7};

A = DesignMatrix[centeredData, basis, x]
```

$$\begin{pmatrix} 1 & -3.5 & 12.25 & -42.875 & 150.063 & -525.219 & 1838.27 & -6433.93 \\ 1 & -2.5 & 6.25 & -15.625 & 39.0625 & -97.6563 & 244.141 & -610.352 \\ 1 & -1.5 & 2.25 & -3.375 & 5.0625 & -7.59375 & 11.3906 & -17.0859 \\ 1 & -0.5 & 0.25 & -0.125 & 0.0625 & -0.03125 & 0.015625 & -0.0078125 \\ 1 & 0.5 & 0.25 & 0.125 & 0.0625 & 0.03125 & 0.015625 & 0.0078125 \\ 1 & 1.5 & 2.25 & 3.375 & 5.0625 & 7.59375 & 11.3906 & 17.0859 \\ 1 & 2.5 & 6.25 & 15.625 & 39.0625 & 97.6563 & 244.141 & 610.352 \\ 1 & 3.5 & 12.25 & 42.875 & 150.063 & 525.219 & 1838.27 & 6433.93 \end{pmatrix}$$

단순히 변수 year 를 스케일만 해주었는데 앞에서 보았던 매스매티카의 경고가 없어지는 것으로 시작하여 결과는 엄청나게 다르다는 것을 확인할 수 있다. 그렇게 되는 이유는 사실 매우 간단하다.

원래 변수, year의 값, {1900, 1910, 1920, 1930, 1940, 1950, 1960, 1970}을 조절하여 1935를 중심으로스케일해준 {-3.5, -2.5, -1.5, -0.5, 0.5, 1.5, 2.5, 3.5}로 바꾸면 데이터 분석에 아무런 변화가 없는 반면 수치적으로 주어진 변수, year의 값은 1 벡터와 비슷하나 조절된 변수는 1 벡터와 크게 차이나게되어 결론적으로 역행렬에서의 에러가 줄어들었다.

```
coeff = Inverse[A] . pop
coeff . basis /. x -> (x - 1935)/10
interpoly3 = Expand[%]
```

이제 이와 같이 만들어진 행렬은 singular matrix와는 거리가 있으므로 무난히 역행렬을 구하여 Newton의 방법으로 구한 방정식과 크게 다르지 않다. 하지만 아래의 그림에서 확인되는 바와 같이 수치적 에러로 인하여 그래프가 매끄럽지 못한 것은 전혀 만족스럽지 않다.

```
Plot[{interpoly2, interpoly3}, {x, 1900, 1970}]
```

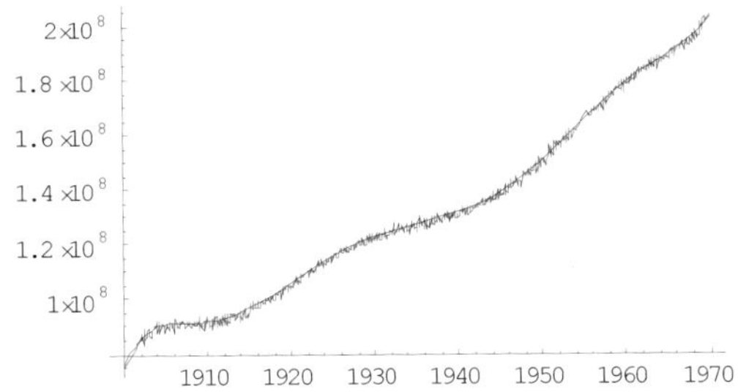


이제까지 데이터를 모두 잇는 통계적 모델을 수치적인 측면에서 보았지만 통계적인 모델로서는 상식에 맞지 않는다. 현실적인 모델을 설정하기 위해서 가능한 변수의 수를 줄여 효율적으로 데이터를 설명하는 통계모델을 찾는다.

이제 위의 과정을 거쳐 얻은 모델이 $y = a_0 + a_1x + a_2x^2$일 때의 형태라 하자.

```
basis = {1, x, x^2};
A = DesignMatrix[centeredData, basis, x]
{{1, -3.5, 12.25}, {1, -2.5, 6.25}, {1, -1.5, 2.25}, {1, -0.5, 0.25}, {1, 0.5, 0.25}, {1, 1.5, 2.25}, {1, 2.5, 6.25},
{1, 3.5, 12.25}}
```

이런 경우, 방정식의 수가 미지수의 개수보다 많아지는 overdetermined system 의 형태로 optimization 의 방법으로 최소자승법(Least squares method)을 이용하여 통계적 모델의 계수를 구할 수 있다.

```
coeff = Inverse[Transpose[A] . A] . Transpose[A] . pop

polyfit1 = coeff . {1, x, x^2}
```

$\{1.26908\times10^8,\ 1.75154\times10^7,\ 1.09797\times10^6\}$

우선 여기의 문제를 선형대수의 측면에서 살펴보기로 하자. 주어진 모델 $y=a_0+a_1x+a_2x^2$ 에서 basis, {1, x, x^2} 를 서로가 직각인 orthogonal basis 로 바꿀 수 있다. 여기서 두 개의 다항식이 서로 직각이라는 뜻은 이들 다항식에 각각 데이터의 x-값을 대입하여 만든 벡터의 곱이 0 이 된다는 의미로 해석하면 된다.

Linear Algebra 패키지 함수인 GramSchmidt 를 이용하여 아래와 같이 orthogonal basis 를 찾을 수 있다.

```
xvals = Table[x -> centered[[i]], {i, Length[centered]}]

orthoBasis = GramSchmidt[{1, x, x^2}, InnerProduct ->
  (Sum[#1*#2 /. xvals[[i]], {i, 1, Length[centered]}] & ), Normalized -> False]
```

$\{1,\ 0.+x,\ -5.25+x^2+0.\ (0.+x)\}$

이렇게 찾은 orthogonal basis 를 이용하여 행렬을 다시 구한다.

```
A = N[Table[orthoBasis /. xvals[[i]], {i, Length[centered]}]]
```

{{1., -3.5, 7.}, {1., -2.5, 1.}, {1., -1.5, -3.}, {1., -0.5, -5.}, {1., 0.5, -5.}, {1., 1.5, -3.}, {1., 2.5, 1.}, {1., 3.5, 7.}}

이와 같이 orthogonal basis 로 바꾸고 나면 이에 대한 $A^T A$ 는 대각행렬이 되어 그것의 역은 간단히 대각 원소의 역수를 취하여 구할 수 있다.

```
mat = Transpose[A].A
```

{{8.,0.,0.}, {0.,42.,0.}, {0.,0.,168.}}

실제로 매스매티카의 통계 패키지를 포함한 대부분의 통계패키지에서 최소자승법(least squares)의 문제를 해결하는 알고리즘으로 다음 장에서 다룰 SVD(Singular Value Decomposition)가 있다. 일반적으로, 역행렬을 구할 때 사용되는 일반적인 컴퓨터 알고리즘은 SVD 이다.

위의 문제를 SVD 의 개념으로 해결하는 방법을 잠시 살펴보기로 하자.

```
basis = {1, x, x^2};
```

```
A = DesignMatrix[data, basis, x]
```

```
{{1, 1900., 3.61×10^6}, {1, 1910., 3.6481×10^6},
 {1, 1920., 3.6864×10^6}, {1, 1930., 3.7249×10^6}, {1, 1940., 3.7636×10^6},
 {1, 1950., 3.8025×10^6}, {1, 1960., 3.8416×10^6}, {1, 1970., 3.8809×10^6}}
```

```
Afit = Inverse[Transpose[A].A].Transpose[A].pop
```

```
Inverse::luc: Result for Inverse of badly conditioned
```

예상했던 대로 수치적 에러에 대한 경고 메시지가 나온다. 이러한 문제에 대한 해결방법이 SVD 가 된다. SVD 를 이용한 least squares 는 기본함수, PseudoInverse 를 이용한다.

```
PseudoInverse[A].pop
```

```
{3.78482×10^10, -4.07399×10^7, 10979.7}
```

한편, 위의 결과는 매스매티카의 기본함수 Fit 을 이용하여 구할 수도 있다.

```
Fit[data, {1, x, x^2}, x]
```

```
3.78482×10^10 - 4.07399×10^7 x + 10979.7 x^2
```

하지만 이런 방법은 주어진 통계모델에 대한 결과값만 주어 전반적인 통계 분석에 필요한 기능이 부족하므로 통계 패키지 함수를 이용한다.

## 선형회귀분석

다음과 같은 일반적인 선형회기분석의 모델을 설정할 때 독립변수의 개수가 $k$ 개이고 각각 자료의 수가 $n$ 인 경우 통계적 모델은 다음과 같다.

$$Y = X\beta + \varepsilon_i \sim N(0, \sigma^2)$$

위의 모델에서 행렬의 구조를 보면 다음과 같다.

$$Y = \begin{bmatrix} y_1 \\ y_2 \\ \vdots \\ y_n \end{bmatrix} \quad X = \begin{bmatrix} 1 & x_{11} & x_{21} & \cdots & x_{k1} \\ 1 & x_{12} & x_{22} & \cdots & x_{k2} \\ \vdots & \vdots & \vdots & & \vdots \\ 1 & x_{1n} & x_{2n} & \cdots & x_{kn} \end{bmatrix} \quad \beta = \begin{bmatrix} b_0 \\ b_1 \\ b_2 \\ \vdots \\ b_k \end{bmatrix} \quad \varepsilon = \begin{bmatrix} \varepsilon_1 \\ \varepsilon_2 \\ \varepsilon_3 \\ \vdots \\ \varepsilon_n \end{bmatrix}$$

우선 패키지 사용의 기본 구조는 Regress[data, {basis}, variable, options]의 형태가 되겠고,

1. data 는 $\{\{x_{11}, x_{12}, \cdots, x_{1n}, y_1\}, \{x_{21}, x_{22}, \cdots, x_{2n}, y_2\}, \cdots, \{x_{k1}, x_{k2}, \cdots, x_{kn}, y_n\}\}$ 의 구조로 입력한다.
2. basis 는 모델에 포함되는 독립변수, 즉, 전체 독립변수의 부분집합에 변형을 주어 일차 결합으로 표시한다. 예를 들어 $Y = b_0 + b_1X_1 + b_2X_2 + \varepsilon$ 의 경우의 basis 는 {1, x1, x2} 가 된다.
3. options 에는 회귀분석에 나오는 여러 가지 기능을 정한다. 대부분의 경우 흔히 사용하는 용어로 별다른 설명 없이도 그것의 기능을 알 수 있을 것이다. 사용하는 방법은 예를 들어 RegressionReport ->{ANOVATable, FitResiduals, PredictedResponse}와 같이 매스매티카 옵션의 전형적인 형태가 된다.

이제 구체적인 예를 들어 통계 분석에 필요한 구성요소를 들고 매스매티카 기술을 살펴 보기로 하자. 여기서 통계 분석에 필요한 필수 구성요소인 ANOVA 테이블과 residual plot, residual 의 normality test 를 매스매티카로 구현하여 얻는 방법을 연구하면 다음과 같다.

아래에서 Random[NormalDistribution[0, 5]]는 평균이 0 이고 분산이 $5^2$ 인 정규분포를 따르는 데이터 값 하나를 준다. 이것은 통계적 모델에 있어 따라다니는 에러 벡터에 대한 일반적인 가정이다.

```
<<Statistics`
data = Table[x + Random[NormalDistribution[0, 5]], {x,1,100, 2}];
```

에러가 정규 분포를 따른다는 가정을 했으므로 이것을 ListPlot 으로 나타내도 별다른 패턴이 보이지 않는다.

```
ListPlot[data, Prolog->PointSize[0.015]]
```

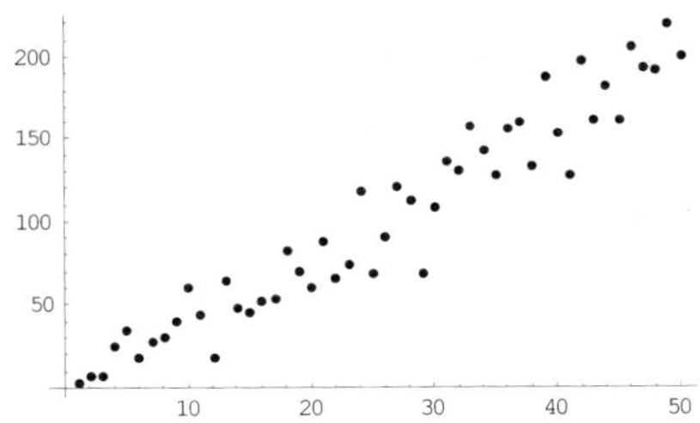


위에서 통계적 모델에 따라 인위적으로 데이터를 만들었으므로 이 데이터 분석의 결과는 표준편차를 따르는 데이터의 분석과 당연히 일치하여야 할 것이다. 통계적 모델의 에러 분포에 대한 검증 방법을 보기로 하자.

## Residual plot

통계적 모델, $Y = X\beta + \varepsilon_i \sim N(0,\sigma^2)$ 에서 분산, $\sigma^2$ 가 상수인 것의 의미는 시각적인 해석으로, 이에 해당하는 residual plot 은 x 축의 값이 증가함에 따라 residual 이 고르게 된다는 사실이다.

통계적 모델에서의 에러는 실험적으로는 residual 로 확인되며, 통계 패키지의 Regress 명령에 option 을 주어 residual 을 구한다. 통계모델에 있어 에러에 대한 가설을 검증하는 중요한 과정으로서의 residual plot 을 하기 위한 전형적인 방법을 소개한다.

```
output = Regress[data, {1, x}, x, RegressionReport->{SummaryReport,
PredictedResponse, FitResiduals}];
```

위에서 데이터를 만들 때 분산이 고정값을 가지므로, 즉, x 값에 따라 분산이 변하지 않아 residual plot 에는 시각적으로 특정 패턴이 없다.

```
eHat = FitResiduals/.output;
```

그리고, 모델이 주는 예상치(predicted value)를 구한다.

```
yHat = PredictedResponse/.output;
```

여기서 주의 해야 할 것은 y 축 변수로 $\hat{e}$ 이나 x 에 대하여 플롯을 하는 것으로 y 값, 즉, 측정값으로 하면 이론적으로 분산값이 0 이 아니어서 의미가 없다.

```
ListPlot[Transpose[{yHat, eHat}], PlotRange -> All]
```

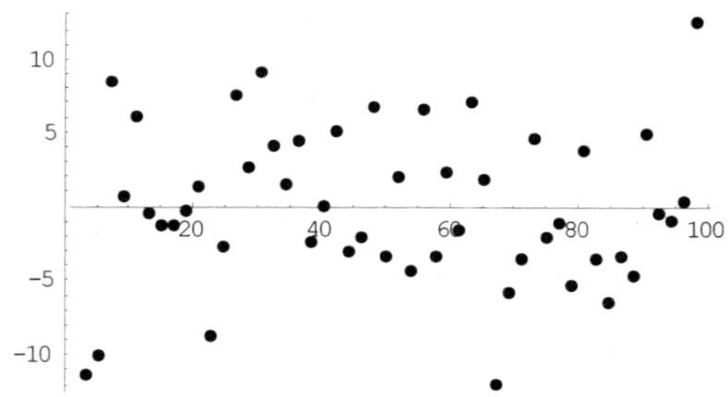


## 정규성 테스트

Residual plot 에서처럼 주어진 통계적 모델, $Y = X\beta + \varepsilon_i \sim N(0, \sigma^2)$ 의 의미를 검증하는 과정으로 주어진 데이터가 표준정규분포를 따르는 것을 확인하여야 한다.

$N$ (0, 1)을 따르는 분포의 면적, 즉, 1 을 $n$+1 등분하여 $n$ 개의 데이터에 해당하는 정규분포 변량(normal variates)을 구하여 이들이 서로 떨어져있는 비율이 주어진 데이터끼리의 그것과 같은가를 측정하여 주어진 데이터가 정규분포를 따르는지를 알아본다.

다시 말하여 $\Phi^{-1}\left(\frac{i}{n+1}\right)$ 즉, $\{x : \frac{1}{\sqrt{2\pi}}\int_{-\infty}^{x} e^{-\frac{x^2}{2}}dx = \frac{i}{n+1}\}$ (단, n 은 데이터의 개수)를 구하여 이것과 정규성을 검증하고자 하는 데이터와 플롯을 해서 그래프의 결과가 가운데는 직선에 가까운 형태이고 아래, 위, 양쪽 끝 부분이 느슨한 S 자 형으로 늘어지는 지를 확인하여 본다.

실제 데이터 분석에서는 이산적 데이터를 연속함수를 사용하여 분석하는 것에 따른 차이를 보정(correction for continuity) 해주어 정규분포 변량으로 $\Phi^{-1}\left(\frac{i-3/8}{r+1/4}\right)$을 쓴다. 이것을 매스매티카로 표현하면 ListPlot[ $\Phi^{-1}\left(\frac{i-3/8}{n+1/4}\right)$, Sort[data]]를 구하는 것이 될 것이다.

이러한 에러의 분포에 관한 가설을 검증하는 과정을 보이기 위해 다음과 같이 표준정규분포를 따르는 100 개의 랜덤수를 구하여 정규성을 검증하면, 위에서 설명한 대로 그래프의 결과가 느슨한 S 자 형으로 나올 것을 예측할 수 있다.

표준정규분포를 변수 ndist 에 정의한다.

```
ndist = NormalDistribution[0, 1];
```

표준정규분포를 따르는 랜덤수 100 개를 만들어본다.

```
size = 100;
nrand = Table[Random[ndist], {size}];
```

위의 값의 정규분포 변량 $\Phi^{-1}\left(\frac{i-3/8}{n+1/4}\right)$을 구한다.

```
zvals = Table[Quantile[ndist, (i - 3/8)/(size + 1/4)], {i, size}];
```

이렇게 구한 이론값과 위에서 랜덤수를 사용하여 만들어낸 데이터 값을 서로 플롯하여 본다. 아래 결과에서 볼 수 있듯이 그래프의 모양은 가운데 부분이 일직선으로 나타나 예상과 일치하는 데이터의 정규성을 확인할 수 있다.

```
ListPlot[Transpose@{zvals, Sort[nrand]}, Prolog->PointSize[0.01]]
```

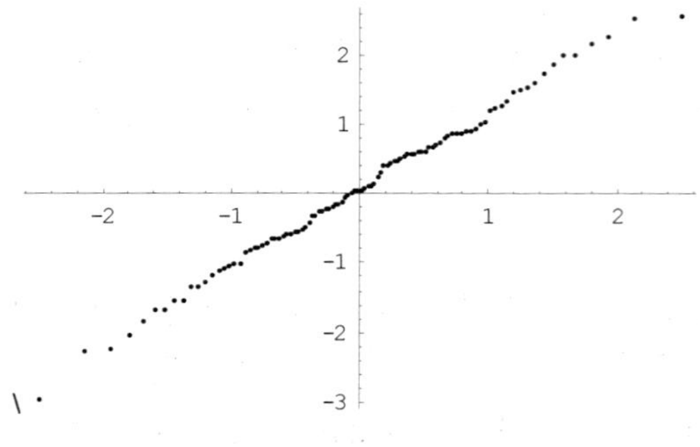

# 7 장

# Convolution 과 SVD

실제 컴퓨터 응용에 있어 매우 중요한 수학적 개념으로 convolution 과 SVD(singular value decomposition)를 들 수 있다. 매스매티카는 위의 개념의 이해와 응용에 있어 매우 중요한 도구가 될 수 있으며, 이 장에서는 이들 개념의 이해와 응용에 대하여 여러 가지 예를 통해 실험적으로 이해하여 보기로 하자.

## Convolution

함수 $f$ 와 $g$ 의 convolution 은

$$f * g = \int_{-\infty}^{\infty} f(u)g(x-u)du$$

와 같이 정의되며, 수학 뿐 아니라 엔지니어링, 금융 등 여러 응용 분야에 매우 중요한 개념이다.

Convolution 은 독일어로 Faltung 이라 하며, 그것의 의미는 접는다는 뜻으로 주어진 두 개의 함수를 서로 겹치게 놓아 새로운 함수를 만드는 의미라 생각해도 무난하다.

두 함수를 서로 포개서 접는다는 개념은 애니메이션 등을 통해 쉽게 이해할 수 있으며, 그것은 저자의 웹사이트에 접속하여 볼 수 있다.

http://www.mathematica.co.kr/mathcomm/31_concepts/convolution/index.html

다음은 직사각형 모양의 함수를 서로 convolution 시키면 결과는 사다리꼴의 함수가 되는 것을 확인하는 과정이다. 이 과정을 자세히 애니메이션을 통하여 볼 수 있다.

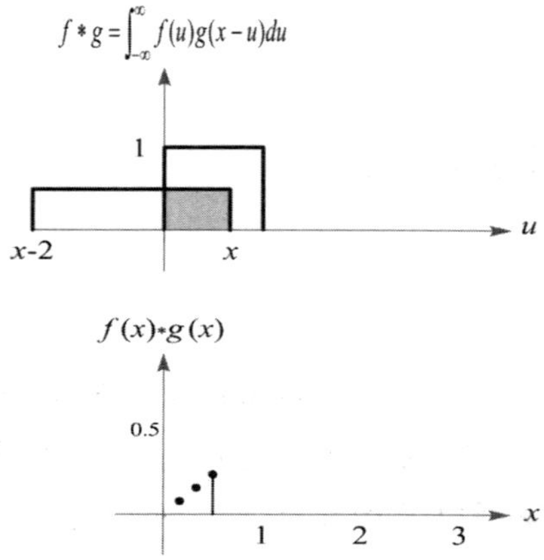


위의 애니메이션의 내용은 매스매티카를 이용하여 다음과 같이 실험해볼 수 있다.

```
f[x_] := UnitStep[x] - UnitStep[x - 1]
g[x_] := 1/2(UnitStep[x] - UnitStep[x - 2])
Plot[{f[x], g[x]}, {x, -1, 3}, AspectRatio -> Automatic]
```

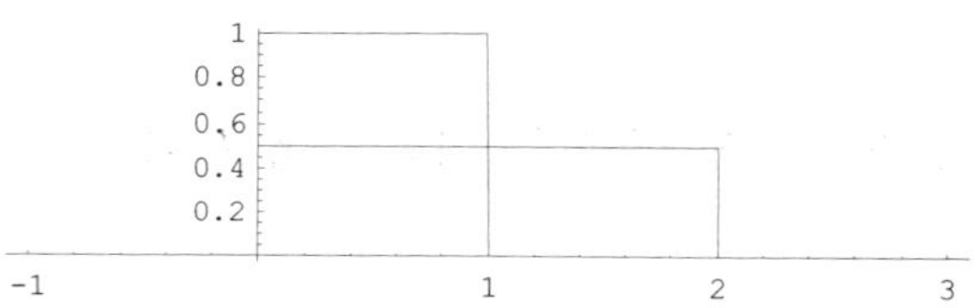


이제 정의에 따라 두 함수의 convolution 을 구한다.

$$\text{fg} = \int_0^2 \text{f[u] g[x - u] du}$$

```
1/2((-1 + x) UnitStep[1 - x] + (-2 + x) UnitStep[2 - x] - (-3 + x) UnitStep[3 - x] - x UnitStep[-x])
```

위의 함수를 그래프로 나타내면 사다리꼴로 되는 것을 알 수 있다.

```
Plot[fg, {x, 0, 3}]
```

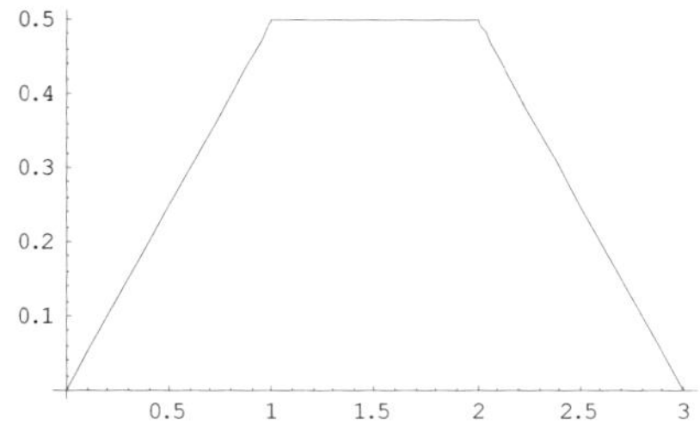

시각적으로 convolution 의 결과는 날카로운 각을 둥그렇게 만드는 효과가 있다. 다음의 예는 그러한 성질을 보여주는 것으로서 아래에서 보는 날카로운 모양의 두 함수를 서로 convolution 하면 결과는 매끈한 모양의 함수가 된다.

```
f[x_] := Exp[-x] UnitStep[x]
Plot[f[3x], {x, 0, 2}]
```

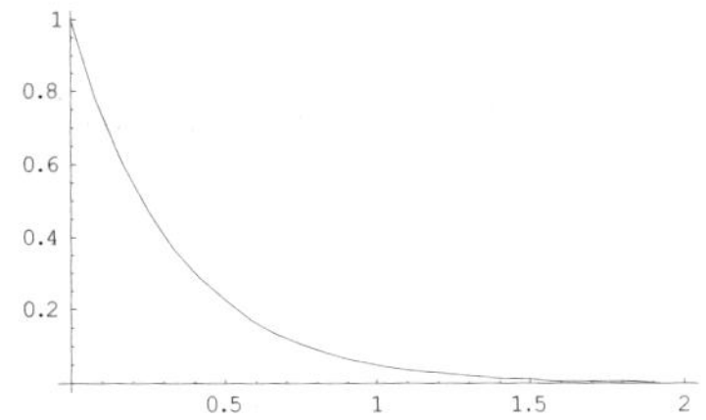

```
Plot[f[2 - 2x], {x, 0, 2}]
```

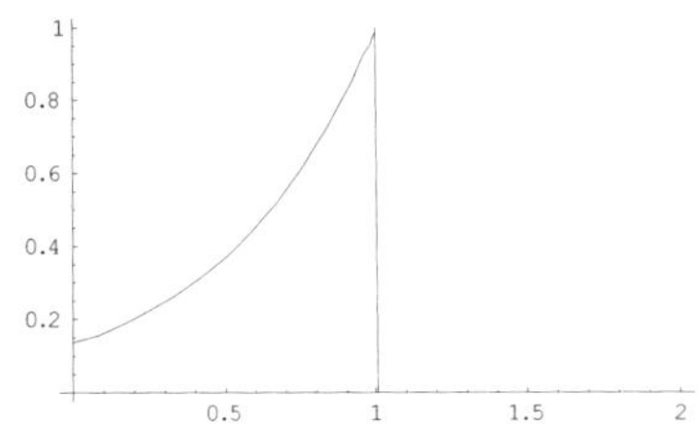

위의 두 함수의 convolution 을 구한다.

$$\int_0^{\infty} \mathbf{f[3\,u]\; f[2\,x - 2\,u]\; du}$$

$e^{-3x}\,(-1 + e^{x})$ UnitStep [x]

그래프로 확인할 수 있듯이 convolution 은 날카로운 부분을 부드럽게하는 특성이 있다.

Plot[%, {x, 0, 2}]

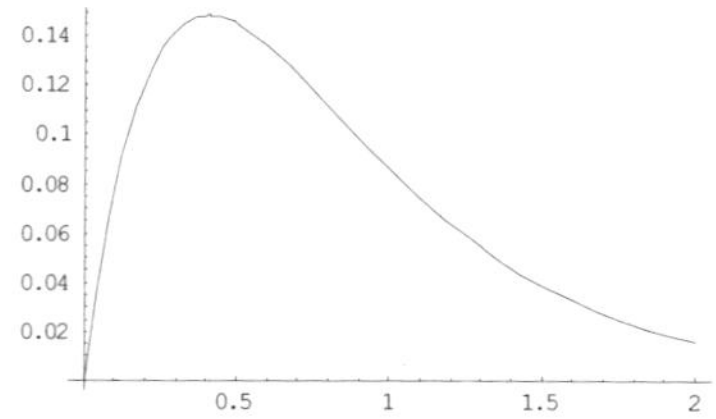


여기서 한가지 지적하고 넘어가는 것은 매스매티카 버전 5.1 을 사용하는 경우 위의 적분에서 적분구간을 [-∞, ∞]로 잡으면 적분 계산이 되지 않는다. 그런데 이것은 버전 4.0 등 이전 버전에서는 적분 계산이 잘 되었던 것들이다. 이것은 일종의 버그라 할 수 있으며, 이러한 매스매티카 버전끼리의 불일치는 흔하지는 않아도 가끔 있는 일이다.

확률 통계에 있어 convolution 은 주사위 눈의 합, characteristic function, central limit theorem 등으로 나타나며 주기성을 가진 현상을 분석하는 데에 긴요하게 응용되어 전자공학, 주식분석 등에는 매우 중요한 개념이다.

이제 convolution 의 개념이 어떻게 실제로 응용되는지 다양하게 다루어 보며, convolution 의 개념과 매스매티카 테크닉을 익혀보기로 하자.

## 다항식과 convolution

다음의 다항식,

$$a_0 + a_1 x + a_2 x^2 + a_3 x^3$$

$$b_0 + b_1 x + b_2 x^2 + b_3 x^3$$

이 주어졌을 때

이들의 곱의 계수는 다음과 같이 시각적으로 정리할수 있다.

$a_0 b_0$
$a_1 b_0 + a_0 b_1$
$a_2 b_0 + a_1 b_1 + a_0 b_2$
$a_3 b_0 + a_2 b_1 + a_1 b_2 + a_0 b_3$
$a_3 b_1 + a_2 b_2 + a_1 b_3$
$a_3 b_2 + a_2 b_3$
$a_3 b_3$

위의 결과가 바로 두 다항식의 계수의 convolution 에 해당하며, 또, 시각적으로 관찰할 때 계수가 가운데에 몰려있는 패턴이 convolution 의 특징이다. 이제 이와 같은 사실을 매스매티카를 이용하여 실제로 만들어보기로 하자.

이제 두 개의 리스트가 주어졌을 때 이들의 convolution 을 계산하는 루틴을 작성하여 보자.

```
convolution[f_, impulse_] := Module[{leftsize = Length[f],
      rightsize = Length[impulse], i, j},
    Table[Sum[f[[j]]*impulse[[i - j + 1]],
      {j, Max[1, i - rightsize + 1], Min[i, leftsize]}], {i, 1, leftsize + rightsize - 1}]]
```

위의 함수를 이용하여 {1, 1} 과 {1, 1}의 convolution 을 구한다.

```
convolution[{1,1}, {1,1}]
 {1, 2, 1}
```

convolution 이 다항식의 곱이라면 역 convolution 은 다항식의 나눗셈이 될 것이다.

```
PolynomialQuotient[1 + 3 x + 3 x^2 + x^3, 1 + x, x]
```

$x^2 + 2x + 1$

위의 다항식에서 계수만을 고른다.

```
CoefficientList[%, x]
 {1, 2, 1}
```

두 다항식, $x+1$ 과 $x^2+2x+1$ 을 곱하면 $x^3+3x^2+3x+1$ 이 되는 것은 위의 convolution 에 대한 프로그램을 이용하면 실제로 다항식의 곱을 계산하지 않고도 얻을 수 있다.

```
convolution[{1, 2, 1}, {1, 1}]
 {1, 3, 3, 1}
```

이와 같이 연속적으로 convolution 을 해나가면 파스칼 삼각형을 만들어 볼 수 있다. 이렇게 얻어진 결과에 연속적으로 함수를 적용하는 것은 기본함수, NestList 를 이용하여 해볼 수 있다.

```
NestList[convolution[{1, 1}, #]&, {1, 1}, 9]

ColumnForm[%, Center]
                    {1, 1}
                  {1, 2, 1}
                {1, 3, 3, 1}
              {1, 4, 6, 4, 1}
            {1, 5, 10, 10, 5, 1}
          {1, 6, 15, 20, 15, 6, 1}
        {1, 7, 21, 35, 35, 21, 7, 1}
      {1, 8, 28, 56, 70, 56, 28, 8, 1}
   {1, 9, 36, 84, 126, 126, 84, 36, 9, 1}
{1, 10, 45, 120, 210, 252, 210, 120, 45, 10, 1}
```

이제 조금 더 복잡한 예로 {a[1], a[2], a[3], a[4], a[5], a[6], a[7], a[8], a[9], a[10]}의 convolution 을 구해보기로 하자.

```
Array[a, 10]
 {a[1], a[2], a[3], a[4], a[5], a[6], a[7], a[8], a[9], a[10]}

convolution[Array[a, 5], Array[b, 5]]//TableForm
 a[1] b[1]
 a[2] b[1] + a[1] b[2]
 a[3] b[1] + a[2] b[2] + a[1] b[3]
 a[4] b[1] + a[3] b[2] + a[2] b[3] + a[1] b[4]
 a[5] b[1] + a[4] b[2] + a[3] b[3] + a[2] b[4] + a[1] b[5]
 a[5] b[2] + a[4] b[3] + a[3] b[4] + a[2] b[5]
 a[5] b[3] + a[4] b[4] + a[3] b[5]
 a[5] b[4] + a[4] b[5]
 a[5] b[5]
```

Convolution 에 대한기본함수로는 ListConvolve 가 있으나, 사용하기에는 다소 까다로운 점이 있다. 여기서, ListConvolve 의 사용법을 간단히 살펴보면, ListConvolve[ker, data, {kL, kR}]의 명령을 실행했을 때의 결과의 첫째 원소는 data[[1]] ker[[kL]]이며,

마지막 원소는 data[[-1]] ker[[kR]]이 된다. 단, 위의 경우처럼 채워야 될 부분이 없으면 원 모양으로 앞으로 다시 돌아와 쓰는 것이 아니라 p로 채운다. 흔히 그렇듯, 말로 설명하면 실제보다 오히려 더 복잡하게 될 수 있으므로, 이제 예를 통하여 이해하여 보기로 하자.

```
ListConvolve[{a, b}, {c, d}, {1, -1}, 0]
 {a c, b c+a d, b d}
```

```
ListConvolve[{1, 1}, {1, 1}, {1, -1}, 0]
 {1, 2, 1}
```

```
ListConvolve[kern, data, {1, -1}, 0]//TableForm
```

$a_0 b_0$
$a_1 b_0 + a_0 b_1$
$a_2 b_0 + a_1 b_1 + a_0 b_2$
$a_3 b_0 + a_2 b_1 + a_1 b_2 + a_0 b_3$
$a_4 b_0 + a_3 b_1 + a_2 b_2 + a_1 b_3 + a_0 b_4$
$a_5 b_0 + a_4 b_1 + a_3 b_2 + a_2 b_3 + a_1 b_4 + a_0 b_5$
$a_5 b_1 + a_4 b_2 + a_3 b_3 + a_2 b_4 + a_1 b_5$
$a_5 b_2 + a_4 b_3 + a_3 b_4 + a_2 b_5$
$a_5 b_3 + a_4 b_4 + a_3 b_5$
$a_5 b_4 + a_4 b_5$
$a_5 b_5$

중고등학교 수준의 문제로 주사위의 눈의 합을 구하는 문제가 있다. 이 문제는 확률론적인 입장에서 보면 확률변수의 합에 관한 문제이고, 또, convolution의 문제이다. 이제 중고등학교에서 풀었던 문제를 convolution으로 간결하게 해결하는 방법을 생각하여보기로 하자.

## 주사위 문제

주사위 두 개를 던져서 나온 각각의 눈의 합의 확률을 구하는 문제를 생각하여 보자. 이러한 문제는 convolution을 이용하면 간단히 계산할 수 있다.
주사위 눈의 확률을 변수 dice에 저장한다.

```
dice = 1/6{1, 1, 1, 1, 1, 1};
```

두 개의 변수 dice 를 서로 convolution 시킨다.

```
convolution[dice, dice]
  {1/36, 1/18, 1/12, 1/9, 5/36, 1/6, 5/36, 1/9, 1/12, 1/18, 1/36}
```

이것은 기본함수, ListConvolve 를 사용하여도 같은 결과를 얻는다.

```
ListConvolve[dice, dice, {1, -1}, 0]
```

이 문제는 생성함수(generating function)를 이용하여 다항식의 곱으로도 해결해볼 수 있다.

$$\text{dicePoly} = \frac{1}{6}\,(x + x^2 + x^3 + x^4 + x^5 + x^6);$$

눈의 합이 4 가 되는 확률을 구하려면 위의 다항식의 곱에서 $x^4$ 의 계수가 구하는 확률이 된다.

$$\text{Coefficient[Expand[dicePoly dicePoly]},\ x^4]$$

$$\frac{1}{12}$$

이제 주사위 문제를 조금 더 발전시킨 문제를 보기로 하자.

[예]

주머니 속에 십원짜리 동전이 10 개, 오십원짜리 동전이 7 개, 백원짜리 동전이 2 개, 오백원짜리 동전이 1 개 있다면 주머니에서 동전을 두 개 꺼낸 돈의 크기에 대한 분포는 전형적인 convolution 의 문제로 해결할 수 있다.

여기서는 변수의 설정에 주의해야 한다. 십원을 단위로 오십원일 경우 처음부터 다섯 번째에 동전의 개수를 적어 주고, 그 사이에는 0 을 채워 넣는다. 나머지 백원, 오백원짜리에도 마찬가지 방법으로 처리한다.

```
coins = 1/20 {
    10, 0, 0, 0, 7, 0, 0, 0, 0, 2,
    0, 0, 0, 0, 0, 0, 0, 0, 0, 0,
    0, 0, 0, 0, 0, 0, 0, 0, 0, 0,
    0, 0, 0, 0, 0, 0, 0, 0, 0, 0,
    0, 0, 0, 0, 0, 0, 0, 0, 0, 1};
```

이제 변수 coins 를 서로 convolution 시키면 구하는 확률분포가 나온다.

```
convolution[coins, coins]
```

$$\left\{\frac{1}{4}, 0, 0, 0, \frac{7}{20}, 0, 0, 0, \frac{49}{400}, \frac{1}{10}, 0, 0, 0, \frac{7}{100}, 0, 0, 0, 0, \frac{1}{100}, 0, 0, 0, 0, 0, 0, 0, 0, 0, 0, 0, 0, 0, 0, 0, 0, 0, 0, 0, 0, 0, 0, 0, 0, 0, 0, 0, 0, 0, 0, 0, \frac{1}{20}, 0, 0, 0, \frac{7}{200}, 0, 0, 0, 0, \frac{1}{100}, 0, 0, 0, 0, 0, 0, 0, 0, 0, 0, 0, 0, 0, 0, 0, 0, 0, 0, 0, 0, 0, 0, 0, 0, 0, 0, 0, 0, 0, 0, 0, 0, 0, 0, 0, 0, 0, 0, \frac{1}{400}\right\}$$

앞에서와 마찬가지로 위의 결과는 기본함수, ListConvolve 를 사용하여도 마찬가지 결과를 얻는다.

```
ListConvolve[coins, coins, {1, -1}, 0]
```

## 확률변수의 합

예를 들어, 0 과 1 사이의 임의의 실수를 하나 고르고, 또, 하나를 더 반복하여 고른 후, 구한 두 수를 더해서 얻어지는 수의 확률분포를 구하는 문제를 생각하여 보자. 이것은 균등 분포를 따르는 확률변수의 합의 분포를 구하는 문제가 된다.

이와 같은 문제는 확률론 책에 나오는 기초 내용으로 이 책에서는 푸리에 변환이라는 방법으로 해결하는 방법을 소개하기로 한다. 물론 이와 같은 시도는 어렵게 느껴질 수도 있으나, 개념적 정의만 알면 계산은 매스매티카가 하므로 결코 어려운 과제는 아닐 것이다.

Fourier transform 은 매스매티카의 경우

$$\sqrt{\frac{|b|}{(2\pi)^{1-a}}}\int_{-\infty}^{\infty} f(t)e^{ib\omega t}dt$$

와 같이 다소 복잡한 모양으로 정의되어 있다.

거기에는 수학, 물리, 전자공학 등 분야에 따라 서로 조금씩 다르게 정의하여 사용하므로, 사용자는 변수, a 와 b 를 조절하여 사용자의 용도에 맞게 사용하도록 정의해 놓은 것으로 초기값은 (0, 1) 이다.

이와 관련하여 한 가지 중요한 수학적 사실로 $F\{f*g\}=F\{f\}F\{g\}$ 가 있다. 여기서 우리가 구하려는 두 개의 서로 다른 확률변수의 합의 분포는 $f*g$ 가 되므로, 이것을 구하는 프로세스는 위의 수식과 비교해 가며 간단히 설명하면 다음과 같다.

1. 각각, $f$ 와 $g$ 의 푸리에 변환, 즉, $F\{f\}$ 와 $F\{g\}$ 를 구한다.
2. 이렇게 구한 값을 서로 곱한다.
3. 이렇게 얻어진 값은 $F\{f*g\}$ 가 되며, 우리가 구하는 $f*g$ 는 이것의 역푸리에 변환(inverse Fourier transform)을 취하면 된다.

이제 위에 설명한 과정을 실험하며 이해하여 보기로 하자.

실수, 0 과 1 사이의 균등분포는 기본함수, UnitStep 을 사용하면 쉽게 표현할 수 있다. 기본함수, UnitStep[x]의 정의는 단순히 x 값이 0 보다 크거나 같은 경우는 1 이고, 반면 0 보다 작으면 0 으로 된다.

```
Plot[UnitStep[x], {x, 0, 2}]
```

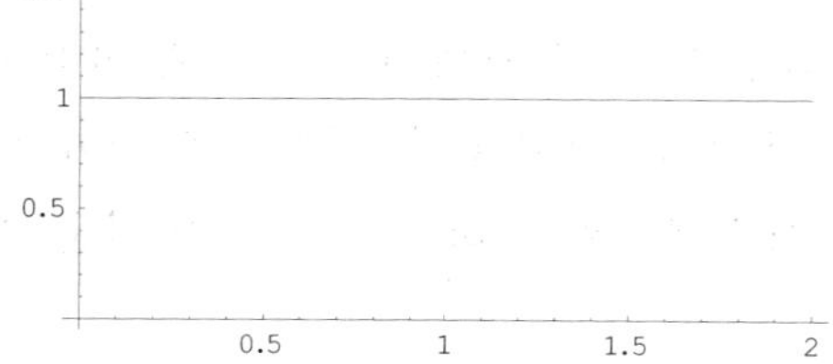

사각형 모양은 UnitStep[x]에서 UnitStep[x-1]을 빼면 된다.

```
Plot[UnitStep[x]-UnitStep[x-1], {x, -2, 2}]
```

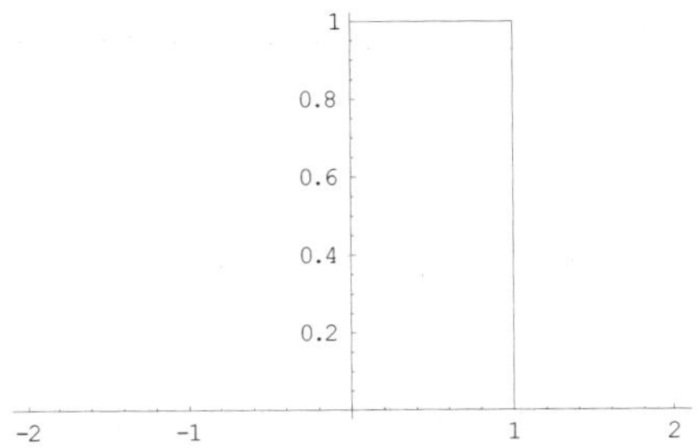


이제 이 벽돌 모양 함수의 Fourier transform 을 구하여 본다.

```
ft = FourierTransform[UnitStep[x] - UnitStep[x - 1], x, w, FourierParameters -> {1, -
1}]
```

위에서 구한 Fourier transform 을 제곱하여 전개한다. 이것은 매스매티카 버전에 따라 계속적으로 바뀌어 실제로 계산하였을 때 값이 아래와 동일하나 다른 모양을 가질 수 있으며, 이것은 FourierParameter 의 값을 조절하여 맞추어 나간다.

그리고, 매스매티카의 버전에 따라 기본함수, Expand 를 사용하여야만 계산이 되는 경우가 있다는 사실도 참고해야 한다.

```
InverseFourierTransform[Expand[ft^2], w, x, FourierParameters -> {1, -1}]
```

$$\frac{(-2 + x)\ \mathrm{Sign}[-2 + x] - 2\ (-1 + x)\ \mathrm{Sign}[-1 + x] + x\ \mathrm{Sign}[x]}{2\sqrt{2\pi}}$$

이제 위의 함수의 그래프를 그리면 삼각형 모양이 된다.

```
Plot[%, {x, 0, 2}]
```

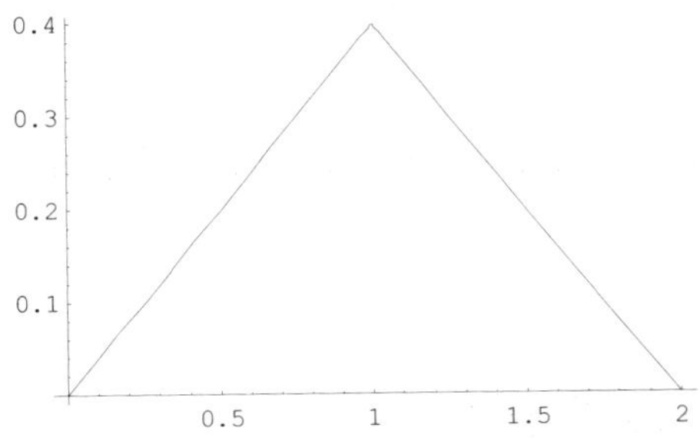

위의 결과에 다시 한 번 더 반복하여 세제곱을 하면 그래프의 모양이 급격히 종모양의 곡선이 되는데, 바로 이러한 현상을 통계학에서는 CLT(Central limit theorem)로 설명한다.

CLT 에 의해 동일한 확률밀도함수를 따르는 확률변수를 계속 더해 나가면 결국은 정규분포로 수렴한다는 사실을 실험적으로 확인해볼 수 있다.

```
InverseFourierTransform[Expand[ft^3], w, x, FourierParameters -> {1, -1}]
```

$$\frac{1}{8\pi}(-(-3+x)^2 \text{Sign}[-3+x] + 3(-2+x)^2 \text{Sign}[-2+x] - 3\,\text{Sign}[-1+x] + 6\,x\,\text{Sign}[-1+x] - 3\,x^2 \text{Sign}[-1+x] + x^2 \text{Sign}[x])$$

```
Plot[%, {x, 0, 3}]
```

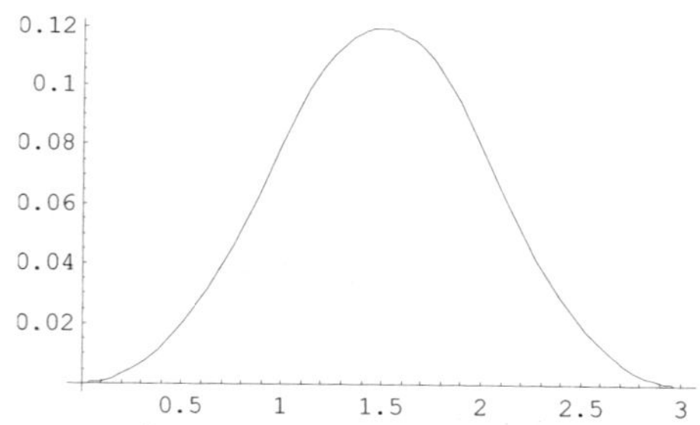


이제, 앞에서의 동전 문제로 다시 돌아가서 이 문제를 푸리에 변환으로 해결하는 방법에 대하여 생각하여 보기로 하자. 이 방법에 열쇠가 되는 기본함수로는 DiracDelta 가 있다.

일반적인 정의로 DiracDelta[x]의 값은 x 외에는 모두 0 이 되므로 동전 던지기의 확률분포를 아래와 같이 정의할 수 있다.

```
f = 1/20(10 DiracDelta[x-1]+7 DiracDelta[x-5]+2 DiracDelta[x-10]+1 DiracDelta[x-50])
```

이렇게 정의된 함수의 푸리에 변환을 구한다.

```
FT = FourierTransform[f, x, s, FourierParameters->{1, -1}]
```

$$\frac{1}{20}\left(10\, e^{-i s} + 7\, e^{-5 i s} + 2\, e^{-10 i s} + e^{-50 i s}\right)$$

동전 두 개를 꺼내는 확률분포이므로 푸리에 변환의 제곱을 하고 얻은 값의 inverse를 구하면 구하고자하는 확률분포를 얻을 수 있다.

```
result = InverseFourierTransform[Expand[FT^2], s, x, FourierParameters->{1, -1}]
```

$$\frac{1}{400}\text{DiracDelta}[-100+x]+\frac{1}{100}\text{DiracDelta}[-60+x]+\frac{7}{200}\text{DiracDelta}[-55+x]+\frac{1}{20}\text{DiracDelta}[-51+x]+\frac{1}{100}\text{DiracDelta}[-20+x]+\frac{7}{100}\text{DiracDelta}[-15+x]+\frac{1}{10}\text{DiracDelta}[-11+x]+\frac{49}{400}\text{DiracDelta}[-10+x]+\frac{7}{20}\text{DiracDelta}[-6+x]+\frac{1}{4}\text{DiracDelta}[-2+x]$$

마지막으로, convolution 이 실제에 응용되는 예로 이를 이용하여 시그널의 노이즈를 제거하는 예를 하나 들어 보기로 하자.

다음은 사인 그래프에 랜덤으로 에러를 주어 일부러 바늘과 같은 날카로운 스파이크가 있는 그래프를 만들었다. 실제에 있어서 이러한 그래프는 라디오 등의 음성 데이터에 잡음이 발생한 현상, 혹은 주식시세와 같은 주기성이 있는 데이터로 볼 수 있고, 데이터에서 convolution 의 moving average 성질을 이용하여 노이즈를 제거할 수 있다.

**data = Table**$\left[\text{N}\left[\text{Sin}\left[\frac{2\pi n}{256}\right]+0.4\left(\text{Random}[\,]-\frac{1}{2}\right)\right], \{n, 256\}\right]$;

```
ListPlot[data, PlotJoined -> True]
```

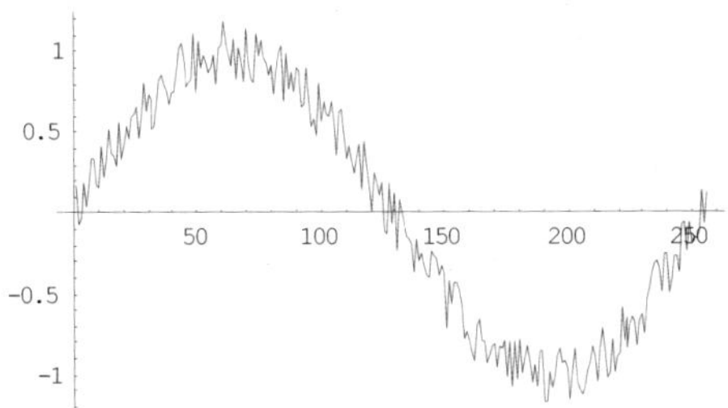


위의 그래프와 convolution 시킬 커널의 그래프를 그려본다.

```
kernel = Table[Exp[- n^2/100.], {n, -128, 127}];
```

ListPlot[kernel, PlotRange -> All]

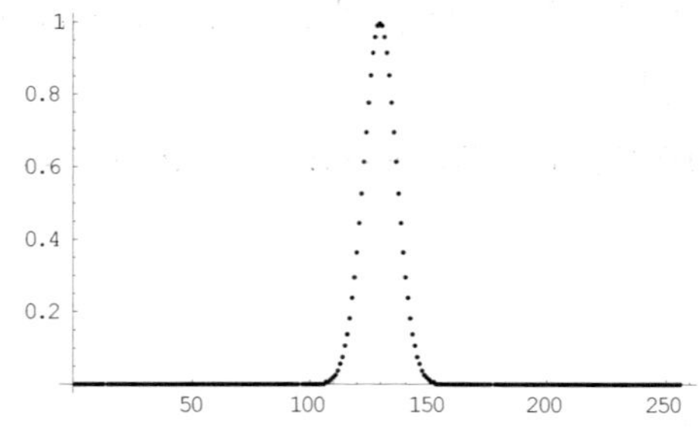

위의 함수가 0 과 1 사이 값을 가지도록 전체의 합으로 나누어 조절해 준다.

```
kern = kernel/(Plus @@ kernel);
```

기본함수, Chop 은 유저가 정한 정확도에 따라 결과값을 조절한다. 아래의 경우 $10^{-3}$ 보다 작은 수를 0 으로 간주하여 다음 결과를 얻는다. 위의 그래프에서처럼 가운데 부분을 제외한 양 옆의 값이 거의 0 에 가깝다.

```
Chop[kern, 10^-3]
```

```
{0, 0, 0, 0, 0, 0, 0, 0, 0, 0, 0, 0, 0, 0, 0, 0, 0, 0, 0, 0, 0, 0, 0, 0, 0, 0, 0, 0, 0, 0, 0, 0, 0, 0, 0, 0, 0, 0, 0, 0, 0,
0, 0, 0, 0, 0, 0, 0, 0, 0, 0, 0, 0, 0, 0, 0, 0, 0, 0, 0, 0, 0, 0, 0, 0, 0, 0, 0, 0, 0, 0, 0, 0, 0, 0, 0, 0, 0, 0, 0, 0, 0,
0, 0, 0, 0, 0, 0, 0, 0, 0, 0, 0, 0, 0, 0, 0, 0, 0, 0, 0, 0, 0, 0, 0, 0, 0, 0,
0.00103335, .00152624, .00220959, .00313555, .00436145, .00594651, .00794709, 0.0104104,
0.0133672, 0.016824, 0.0207554, 0.0250984, 0.0297493, 0.0345637, 0.0393622, 0.0439391,
0.0480771, 0.051563, 0.0542067, 0.0558576, 0.056419, 0.0558576, 0.0542067, 0.051563, 0.0480771,
0.0439391, 0.0393622, 0.0345637, 0.0297493, 0.0250984, 0.0207554, 0.016824, 0.0133672,
0.0104104, 0.00794709, 0.00594651, 0.00436145, 0.00313555, 0.00220959, 0.00152624, 0.00103335,
0, 0, 0, 0, 0, 0, 0, 0, 0, 0, 0, 0, 0, 0, 0, 0, 0, 0, 0, 0, 0, 0, 0, 0, 0, 0, 0, 0, 0, 0, 0, 0, 0, 0, 0, 0, 0, 0, 0, 0, 0,
0, 0, 0, 0, 0, 0, 0, 0, 0, 0, 0, 0, 0, 0, 0, 0, 0, 0, 0, 0, 0, 0, 0, 0, 0, 0, 0, 0, 0, 0, 0, 0, 0, 0, 0, 0, 0, 0, 0, 0, 0,
0, 0, 0, 0, 0, 0, 0, 0, 0, 0, 0, 0, 0, 0, 0, 0, 0, 0, 0, 0, 0, 0, 0, 0, 0}
```

위의 잡음이 섞인 사인함수의 경우, 잡음은 사인함수의 y 값을 중심으로 플러스 마이너스로 잡음이 발생하므로 이들을 더해주면 0 에 가까워져 사인함수에 가까운 그래프를 얻을 수 있겠다. 즉, 잡음을 제거할 수 있다.

위에서 만들어본 함수, $e^{-\frac{n^2}{100}}$ 를 가지고 잡음이 섞인 사인그래프의 데이터와 convolution 한다. 시각적으로 설명하면 convolution 의 애니메이션에서 보는 것과 같이 커널함수와 서로 마주 보고 움직이며 교차하는 벡터의 내적을 구할 때, 즉, 서로 곱하여 더할 때, 위 아래로 생긴 잡음은 평균값을 취하면 0 에 가깝게 된다.

```
ListConvolve[kernel, data, {1, -1}, 0];
```

커널함수의 값을 보아서 알 수 있듯이 $10^{-3}$ 에서 Chop 을 해주면 커널함수의 양쪽에 0 이 생기게 되어 다음과 같이 오른 쪽으로 이동된 잡음이 제거된 사인 그래프를 얻게 된다.

```
ListPlot[%]
```

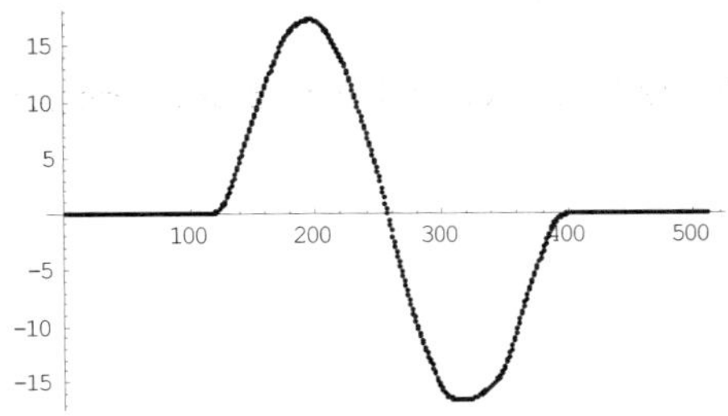


이러한 문제점을 바로잡기 위하여 다음과 같이 커널 함수를 0 의 값을 가운데로 몰리고 0 이 아닌 값을 양쪽으로 몰리도록 고쳐주기 위해 왼쪽으로 전체 데이터의 반 정도를 이동시킨다.

```
kern = RotateLeft[kernel, 128] / Plus @@ kernel ;
```

```
ListPlot[kern]
```

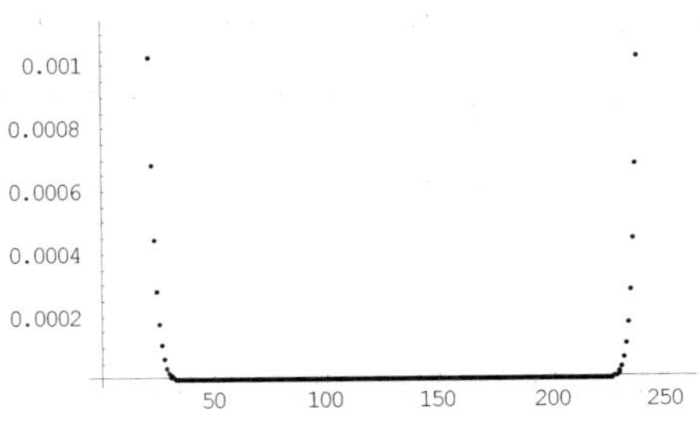


새로 만든 커널 함수와의 convolution 은 주기가 두배로 잡음이 제거된 사인 함수를 보여준다.

ListConvolve[kern, data, {1, -1}, 0];

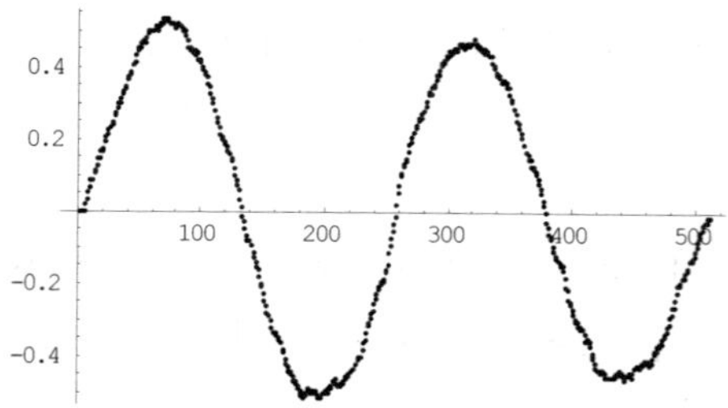


위의 그래프는 푸리에 변환으로 아래와 같이 해결된다.

```
conv = InverseFourier[√256 Fourier[data] Fourier[kern]];
ListPlot[conv]
```

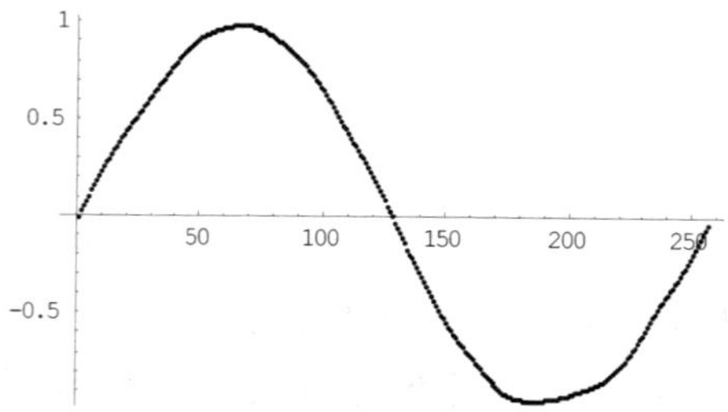


## SVD 응용 – Image processing 과 Optimization

미국 MIT 대학의 수학자 Gilbert Strang 교수에 의하면, 행렬의 분할의 중요한 방법의 하나인 SVD(Singular Value Decomposition)는 학부 수학 교과과정에서 다루는 가장 중요한 개념의 하나이지만, 실제 대학 교과과정에서는 소홀히 다루어지고 있다고 한다.

그의 말과 같이 실제로 SVD 는 수학은 물론 여러 응용 분야에 넓게 응용되는 선형대수의 매우 중요한 알고리즘으로 이 장에서는 그것의 기본적인 개념을 이해하고, 또, 그것이 어떻게 그래픽, 이미지프로세싱 등에 응용되는지 알아 보기로 한다.

[정리]

임의의 $m \times n$ 행렬 A 는

$$A = U\Sigma V^T = \sigma_1 u_1 v_1{}^T + \cdots + \sigma_r u_r v_r{}^T$$

와 같이 분할된 행렬의 곱, 그리고, 벡터의 곱의 합으로 표현할 수 있다.

이때, 행렬 $U$, $V$ 는 각각 $m \times m$, $n \times n$ 인 단위 행렬이고, $\Sigma$ 는 $\sigma_1, \sigma_2, \cdots, \sigma_r \geq 0$ 가 원소인 대각행렬이다.

이제 위의 정리가 가지는 의미와 응용에 대하여 생각하여 보기로 하자. 우선, 이 SVD 에 관한 전반적인 개념적 설명은 저자의 웹사이트에 있는 애니메이션을 통해서 이해할 수 있다.

http://www.mathematica.co.kr/mathcomm/31_concepts/mathconcepts.htm

## SVD 개념의 시각화

위의 웹사이트에서 애니메이션으로 이해해볼 수 있는 것으로 주어진 2 x 2 행렬 A 는 단위원 상의 임의의 벡터를 회전된 타원 위의 벡터로 투영되는 선형변환이라는 사실을 SVD 를 이용하여 보일 수 있다. 이러한 과정을 설명하는 전체적인 흐름은 다음과 같다.

행렬 A 가 분할이 되어 $A = U\Sigma V^T$ 로 표현될 때, U, V 는 orthogonal 한 단위 벡터의 행렬이고, 임의의 벡터 x 는 행렬 V 의 렬 벡터, v1, v2 의 일차결합, $x = c_1 v_1 + c_2 v_2$ 로 표현할 수 있다.

그다음 대각행렬과의 곱에서는 이것은 타원 위의 벡터로 바뀌고, 이것은 다시 U 의 벡터를 통해 회전이 되어 결과적으로 단위원 상의 임의의 벡터는 회전된 타원 위의 벡터로 투영되는 선형변환의 과정을 그림으로 나타낸 것이다.

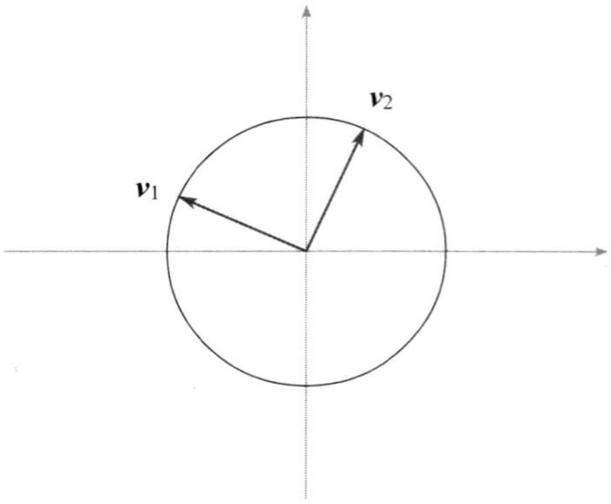
$\boldsymbol{v}_2$
$\boldsymbol{v}_1$

[1]

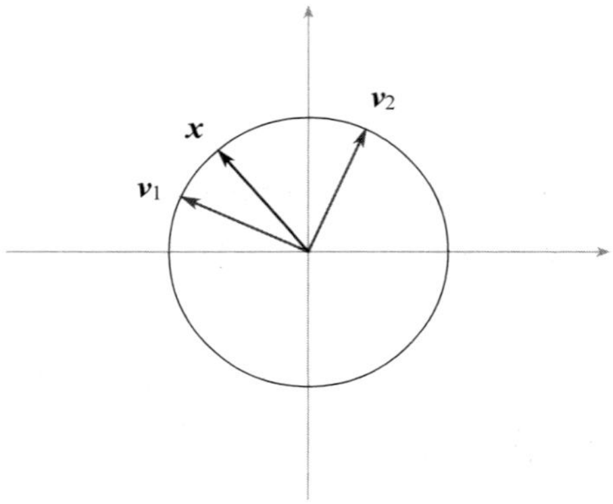
$\boldsymbol{v}_2$
$\boldsymbol{x}$
$\boldsymbol{v}_1$

[2]

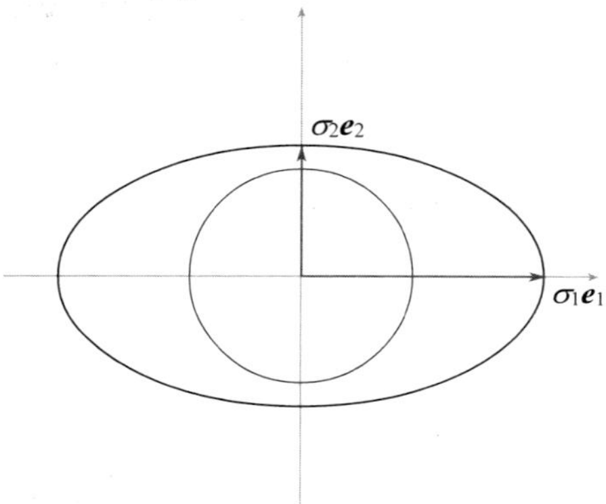
$\sigma_2\boldsymbol{e}_2$
$\sigma_1\boldsymbol{e}_1$

[3]

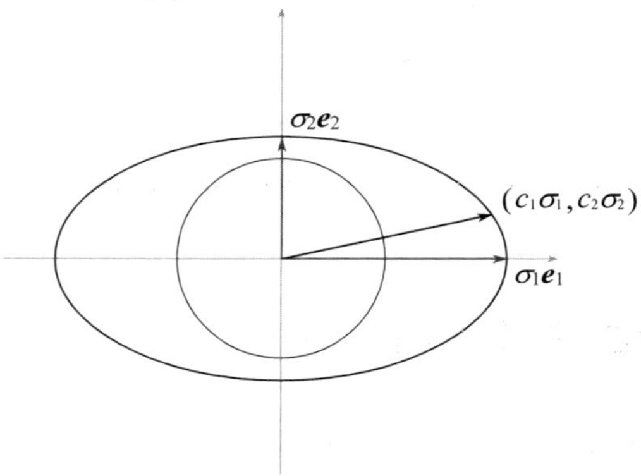
$\sigma_2\boldsymbol{e}_2$
$(c_1\sigma_1, c_2\sigma_2)$
$\sigma_1\boldsymbol{e}_1$

[4]

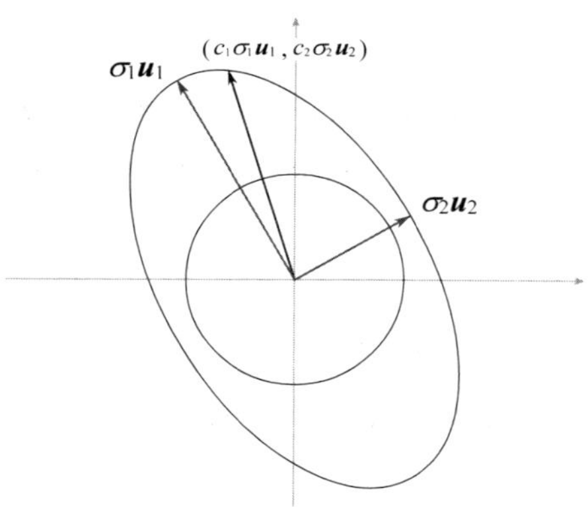
$\sigma_1\boldsymbol{u}_1$
$(c_1\sigma_1\boldsymbol{u}_1, c_2\sigma_2\boldsymbol{u}_2)$
$\sigma_2\boldsymbol{u}_2$

[5]

SVD 를 이용하여 행렬 A 가 $A = U\Sigma V^T = \sigma_1 u_1 v_1{}^T + \cdots + \sigma_r u_r v_r{}^T$ 로 표현되면 singular value 값, 즉, σ 가 작은 것을 제거하면 A 값과 근사한 행렬을 얻을 수 있다. 이 과정 역시 다음과 같은 위에서 말한 저자의 웹사이트(www.mathematica.co.kr)에서 애니메이션을 통하여 시각적으로 쉽게 이해할 수 있다.

여기서 주목할 것은 여러 항의 덧셈에서 크기가 작은 항은 무시해도 전체의 합에 영향을 주지 않는다는 지극히 당연한 사실을 이용하여 주어진 행렬을 벡터의 곱으로 표현하고 나면, 그 행렬의 근사값은 작은 값을 제거하고나서 아래와 같이 손쉽게 구할 수 있다.

이 그림에서 주목할 부분은 수식 전개에서 중간쯤에 $\sigma_1 u_1 v_1^T + \sigma_2 u_2 v_2^T$ 가 $\sigma_1 u_1 v_1^T$ 로 근사되는 부분이다.

$$\begin{aligned}
\mathbf{A} = \begin{bmatrix} 1 & 1 \\ 1 & 2 \\ 1 & 3 \end{bmatrix} &= \begin{bmatrix} 0.323 & -0.854 \\ 0.548 & -0.183 \\ 0.772 & 0.487 \end{bmatrix} \begin{bmatrix} 4.079 & 0. \\ 0. & 0.6 \end{bmatrix} \begin{bmatrix} 0.403 & -0.915 \\ 0.915 & 0.403 \end{bmatrix}^T \\
&= \begin{bmatrix} | & | \\ \boldsymbol{u}_1 & \boldsymbol{u}_2 \\ | & | \end{bmatrix} \begin{bmatrix} \sigma_1 & 0 \\ 0 & \sigma_2 \end{bmatrix} \begin{bmatrix} | & | \\ \boldsymbol{v}_1 & \boldsymbol{v}_2 \\ | & | \end{bmatrix}^T \\
&= \sigma_1 \boldsymbol{u}_1 \boldsymbol{v}_1{}^T + \sigma_2 \boldsymbol{u}_2 \boldsymbol{v}_2{}^T \\
&\approx \sigma_1 \boldsymbol{u}_1 \boldsymbol{v}_1{}^T \\
&= 4.079 \begin{bmatrix} 0.323 \\ 0.548 \\ 0.772 \end{bmatrix} \begin{bmatrix} 0.403 & 0.915 \end{bmatrix} \\
&= \begin{bmatrix} 0.531 & 1.206 \\ 0.901 & 2.045 \\ 1.269 & 2.881 \end{bmatrix} = \tilde{\mathbf{A}}
\end{aligned}$$

이제 구체적인 행렬에 대하여 위의 수식을 적용하며 그 개념을 이해하기로 하자.

$$\mathbf{A1} = \begin{pmatrix} 1 & 2 \\ 3 & 2 \end{pmatrix} \ \texttt{// N;}$$

매스매티카의 기본함수로 SingularValues 를 이용하여 주어진 행렬을 분할할 수 있다.

```
{u, s, v} = SingularValues[A1]
{{{-0.501927, -0.86491}, {0.86491, -0.501927}},
{4.13065, 0.968371},
{{-0.749678, -0.661803}, {-0.661803, 0.749678}}}
```

각각의 부분은 다음과 같이 분리하여 컨트롤할 수 있다.

```
u
```

$$\begin{pmatrix} -0.501927 & -0.86491 \\ 0.86491 & -0.501927 \end{pmatrix}$$

작은 s는 대각행렬의 원소이므로 이것을 이용하여 대각행렬을 구한다.

```
S = DiagonalMatrix[s]
```

$$\begin{pmatrix} 4.13065 & 0 \\ 0 & 0.968371 \end{pmatrix}$$

```
v
```

$$\begin{pmatrix} -0.749678 & -0.661803 \\ -0.661803 & 0.749678 \end{pmatrix}$$

이제 원래의 행렬을 다시 구성하기 위한 모든 필요한 부속품을 구했으므로, 서로 맞추기만 하면 원래의 행렬로 되돌아 간다.

```
Transpose[u].S.v
```

$$\begin{pmatrix} 1. & 2. \\ 3. & 2. \end{pmatrix}$$

## 그래픽 데이터의 근사

이제 SVD의 응용으로, 키보드의 백슬래시(back slash)키 모양을 근사하는 그림을 구하는 방법에 대하여 생각하여 보자. 이제 다음의 행렬에서 가운데의 1자로 구성된 밴드(band) 모양이 모여서 백슬래시를 나타낸다.

$$A = \begin{pmatrix} 1 & 1 & 0 & 0 & 0 & 0 & 0 & 0 & 0 & 0 \\ 1 & 1 & 1 & 0 & 0 & 0 & 0 & 0 & 0 & 0 \\ 0 & 1 & 1 & 1 & 0 & 0 & 0 & 0 & 0 & 0 \\ 0 & 0 & 1 & 1 & 1 & 0 & 0 & 0 & 0 & 0 \\ 0 & 0 & 0 & 1 & 1 & 1 & 0 & 0 & 0 & 0 \\ 0 & 0 & 0 & 0 & 1 & 1 & 1 & 0 & 0 & 0 \\ 0 & 0 & 0 & 0 & 0 & 1 & 1 & 1 & 0 & 0 \\ 0 & 0 & 0 & 0 & 0 & 0 & 1 & 1 & 1 & 0 \\ 0 & 0 & 0 & 0 & 0 & 0 & 0 & 1 & 1 & 1 \\ 0 & 0 & 0 & 0 & 0 & 0 & 0 & 0 & 1 & 1 \end{pmatrix};$$

가끔 0과 1을 서로 바꾸어야 할 경우가 있다. 이 경우 다음과 같이 기본함수, Mod을 이용하여 구할 수 있다.

```
A1 = Map[Mod[#+1, 2]&, A, {2}]
{{0, 0, 1, 1, 1, 1, 1, 1, 1, 1},
 {0, 0, 0, 1, 1, 1, 1, 1, 1, 1},
 {1, 0, 0, 0, 1, 1, 1, 1, 1, 1},
 {1, 1, 0, 0, 0, 1, 1, 1, 1, 1},
 {1, 1, 1, 0, 0, 0, 1, 1, 1, 1},
 {1, 1, 1, 1, 0, 0, 0, 1, 1, 1},
 {1, 1, 1, 1, 1, 0, 0, 0, 1, 1},
 {1, 1, 1, 1, 1, 1, 0, 0, 0, 1},
 {1, 1, 1, 1, 1, 1, 1, 0, 0, 0},
 {1, 1, 1, 1, 1, 1, 1, 1, 0, 0}}
```

이것을 그림으로 표현하려면 기본함수, ListDensityPlot을 사용할 수 있으나, 이 함수는 행렬의 첫 행이 그림의 가장 밑에 나타나기때문에, 기본함수, Reverse를 이용하여 순서를 바꾸어야 한다.

```
matrix = Reverse[A1];
ListDensityPlot[matrix]
```

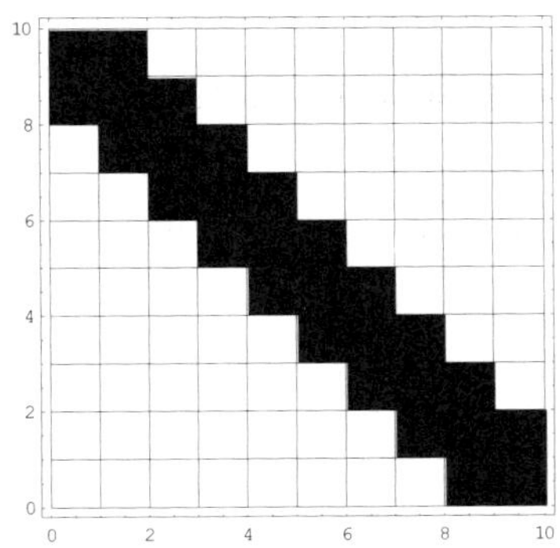

이 그림을 전송하되 원래의 전체적인 모습만 유지하면 되는 경우, 행렬의 singular value 중에서 중요한 것만 골라 재구성하면 된다.

```
{u, s, v} = Chop[SingularValues[N[matrix]]];

Dimensions/@{u, s, v}
 {{10, 10}, {10}, {10, 10}}
```

SVD의 결과는 10×10 행렬의 세 개의 곱이 된다. 여기서, 변수 s가 singular value에 해당하고, 이것을 살펴보아 이중에서 가장 큰 네 개만을 고른다. 그러면 결과는 (10×4) (4×4) (4×10) 모양의 세 개의 행렬의 곱이 되어 결과적으로 원래의 행렬과 크기가 같은 10×10 행렬이 된다.

```
s
 {7.21987, 2.68251, 2.36892, 1.83083, 1.32988, 0.918986, 0.71537, 0.674478, 0.309721, 0.195552}
```

위에서 취한 가장 큰 네 개의 $\sigma$를 골라 4×4 행렬을 만든다.

```
DiagonalMatrix[Take[s, 4]]
 {{7.21987, 0, 0, 0}, {0, 2.68251, 0, 0}, {0, 0, 2.36892, 0}, {0, 0, 0, 1.83083}}

Take[Transpose[u], All, 4]
```

세 개의 행렬의 크기가 각각 10×4, 4×4, 4×10이 되는 것을 확인한다.

```
Dimensions/@{Take[Transpose[u], All, 4], DiagonalMatrix[Take[s, 4]], Take[v, 4]}
 {{10, 4}, {4, 4}, {4, 10}}

approxA = Take[Transpose[u], All, 4].DiagonalMatrix[Take[s, 4]].Take[v, 4]
```

Singular value 10개중 4개만 골라 전송하여도 원래의 모양에는 큰 변화가 없다.

```
ListDensityPlot[approxA]
```

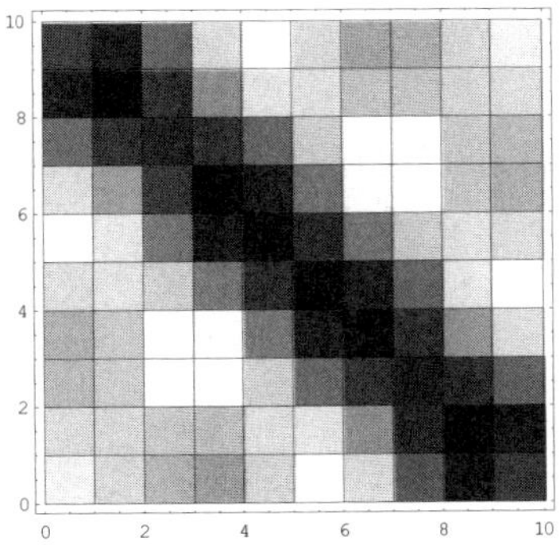


이제 실제 사진데이터를 가지고 그래픽데이터의 근사 문제를 다루어 보기로 하자. 컴퓨터 응용에 있어 컴퓨터 사진 파일 등을 멀리 떨어져 있는 곳으로 전송해야 하고, 또, 여러 형태로 변형해야 하는 경우가 있다.

전송의 경우, 예를 들어, 우주 탐사선 같은 경우 이미지의 세세한 부분까지 모두를 요구하지 않을 때, 즉, 사진의 이미지에 가까운 그림을 전송할 때 사용하는 컴퓨터 기술로 SVD 의 응용을 들 수 있다.

다음의 물고기 사진의 경우, 첫째 사진과 둘째 사진을 비교할 때 해상도의 차이는 많이 있지만, 물고기의 모양은 그대로 유지하고 전송하는 파일 사이즈는 현저하게 줄일 수 있다. 이렇게 주어진 화상데이터의 크기를 줄이는 매스매티카 테크닉을 공부하여 보기로 하자.

여기에 사용될 수있는 사진은 인터넷 상, 혹은 컴퓨터상의 어떠한 사진도 이용할 수 있다. 일단 사진을 윈도우 클립보드에 메모리 상태로 넣어 놓고 매스매티카 노트북에 붙여 넣는다. 여기까지는 아무나 할 수 있는 초보적인 기술이다.

다음 매스매티카 노트북에서 그림을 마우스로 클릭하고 Ctnl-Shift-E 를 눌러 그림 파일을 셀(cell) 구조로 바꾸어 놓는다. 그리고, 매스매티카의 결과를 잘 관찰하여 그림 내부의 Raster 그래픽 데이터를 텍스트 파일로 복사하여 따로 다음 셀에 보관한다.

이렇게 구한 그래픽 데이터가 변수, fishpic 에 저장되었다면 다음과 같은 방법으로 원하는 데이터만을 추출할 수 있다.

```
data = fishpic[[1, 2, 1]];
```

그래프 함수, Show[Graphics[…]]를 이용하여 매스매티카 데이터로 바꾼다. 여기에서 변수, g 는 앞으로 gif, jpeg 데이터 포맷으로 변환하여 하드 드라이브에 저장하는 예를 보일 때 사용할 것이다.

```
g = Show[Graphics[Raster[data], AspectRatio->Automatic]];
```

이제 매스매티카의 SingularValues 함수를 이용하여 재미난 작업을 시작할 준비가 되었다. 여기서 대문자 U, S, V 는 원래 그래픽 데이터에 관한 행렬이고, 소문자 u, s, v 는 주어진 그래픽 데이터의 크기를 줄인 축소된 데이터에 관한 행렬을 뜻한다.

```
{U, S, V} = SingularValues[data];
```

처음부터 20 번째로 큰 singular value 를 골라 그것에 해당하는 직교 단위 벡터, u, v 를 정하고 그것을 가지고 다시 물고기 그래픽 데이터를 재구성한다.

```
{u, s, v} = Map[Take[#, 20]&, {U, S, V}];

processed = Transpose[u].DiagonalMatrix[s].v;
```

이제 이 데이터를 Raster 로 묶어 화면으로 출력하면 대략의 물고기 모양이 살아있는 것을 확인할 수 있다.

```
Show[Graphics[Raster[processed]], AspectRatio->Automatic]
```

이제 SVD 가 아닌 convolution 을 이용하여 물고기의 전체적인 모양을 나타낸다.

```
Show[Graphics[Raster[ListConvolve[{{1, 1, 1}, {1, -8, 1}, {1, 1, 1}}, data]]],
AspectRatio->Automatic]
```

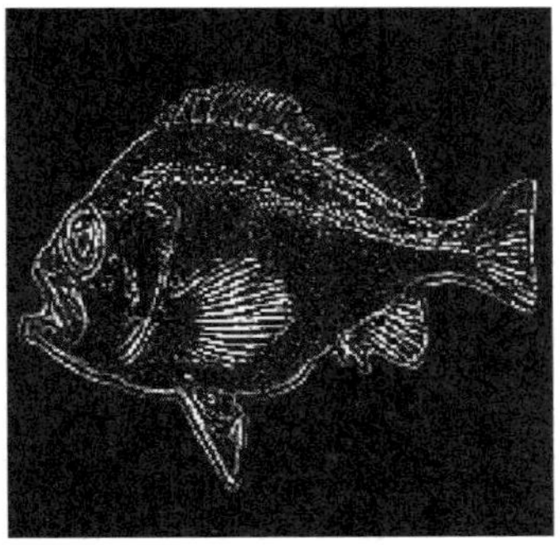

이제 앞에서 정한 물고기 그래픽 데이터를 c 디렉토리에 gif 파일로 저장하여 보자.

```
Export["c:\\fish.gif", g, "gif"];
```

이렇게 저장한 gif 파일을 다시 매스매티카 그래픽으로 변환하는 방법으로 이것을 이용하여 디지털 카메라의 그림 파일을 매스매티카로 옮겨 특수 그래픽 처리를 실험해 볼 수 있을 것이다.

컴퓨터 디렉토리에 있는 gif 파일을 raster 그래픽으로 바꾼다.

```
gifdata = Import["C:\\fish.gif", "GIF"];
```

이것은 단순히 0 에서 1 의 값으로 바꾸는 것으로, 최대값으로 모두 나누어 주면 간단히 해결된다.

```
gifdata = N[gifdata[[1, 1]]/Max[gifdata[[1, 1]]]];
Show[Graphics[Raster[gifdata]], AspectRatio   Automatic]
```

물론 결과로는 위의 물고기 그래픽이 나오게 된다.

## Underdetermined system

이 장에서 SVD 의 응용에 대한 마지막 예로 선형방정식의 최적화에 대하여 생각하여 보기로 하자.

일반적으로 선형방정식은 다음과 같이 세 가지 부류로 나누어 생각할 수 있다.

(1) 미지수의 수와 방정식의 수가 같은 경우

(2) 미지수의 수가 방정식의 수보다 큰 경우

(3) 미지수의 수가 방정식의 수보다 작은 경우

(1)의 경우는 방정식의 해의 문제로 보통 Gaussian elimination 등을 이용하여 구한다.
(2)의 경우는 over determined system 으로 최소자승법을 이용한 통계적 방법이 사용되며, 이 것은 다음 장에서 다루기로 한다.
(3)의 경우, underdetermined system 에 대한것으로 SVD 를 이용한 일반적인 inverse 를 구하는 Psuedo inverse 를 이용한다.

예를 들어, 변수, x1 은 단위당 100 이 필요하고, x2 의 경우는 200 이 필요할 때 최소한의 비용으로 300 단위를 만들어내는 방법을 구하는 문제가 이러한 부류에 속한다고 할 수 있다. 이것은 SVD 를 이용하여 inverse 를 일반화시킨 pseudo-inverse 를 이용하여 간단히 구할 수 있다.

(2) 와 (3)의 경우, 행렬의 rank 가 맞지 않아 inverse 를 구할 수 없지만, 말 그대로 inverse 와 유사한 결과를 구하는 것으로 결국 이것은 최적화의 문제가 된다.

방정식, $100x_1 + 200x_2 = 300$ 을 만족시키는 해, $\begin{pmatrix} x_1 \\ x_2 \end{pmatrix}$ 는 $\begin{pmatrix} \frac{3}{5} \\ \frac{6}{5} \end{pmatrix}$ 이다. 다음의 그림에서와 같이 원점에서의 수선과의 교점을 의미한다.

```
Plot[(1/200) (300 - 100 x1), {x1, 0, 3}, Prolog -> {PointSize[0.02], Point[{3/5, 6/5}],
Line[{{0, 0}, {3/5, 6/5}}]}, AspectRatio -> Automatic]
```

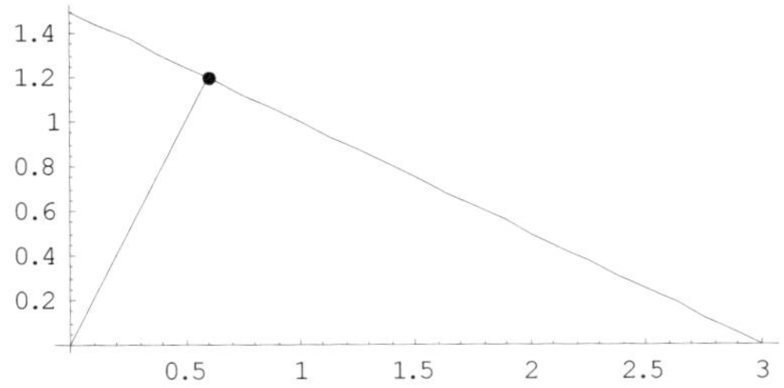

기본함수, PseudoInverse 는 SVD 를 이용한 일반화된 Inverse 로 위의 (1), (2), (3)의 모든 경우에 사용할 수 있다.

```
PseudoInverse[{{100, 200}}]
```

$$\begin{pmatrix} \frac{1}{500} \\ \frac{1}{250} \end{pmatrix}$$

앞에서 구한 pseudo-inverse 에 300 을 곱하면 원하는 답을 찾을 수 있다.

```
% 300
```

$$\begin{pmatrix} \frac{3}{5} \\ \frac{6}{5} \end{pmatrix}$$

위에서 구한 점 (0.6, 1.2)가 원점에서 solution vector 에 해당하는 직선에 수직인 발을 내리는 점의 좌표와 같다.

# 8 장

# 매스매티카의 확장

이제까지 우리는 매스매티카를 이용하여 문제를 계산하고, 또, 시각화 시키는 수학적 문제 해결 시스템으로서의 기능에 대하여 살펴보았다. 앞에서 설명한 바와 같이 매스매티카는 유저인터페이스인 Front End 와 수학적 엔진인 커널로 나누어져 있으며, 일반적으로 말하는 매스매티카 사용이란 Front End 의 사용을 일컫는 것으로 Front End 말고 다른 형태의 유저인터페이스로 커널의 계산 능력을 이용할 수 있다.

예를 들어 플래시 무비를 이용하여 매스매티카 커널을 컨트롤하는 기술의 응용 가치에 대해서는 이 두 프로그램을 이해하는 사람이라면 쉽게 짐작할 수 있는 것으로 플래시의 애니메이션 기능과 매스매티카 커널의 계산 능력이 합쳐지는 그야 말로 외모와 브레인의 이상적인 결합일 것이다.

사실상, 플래시 무비 외에도 윈도우 프로그램, 웹 브라우저 등을 다양한 컴퓨터 소프트웨어 기술이 매스매티카의 두뇌를 컨트롤할 수 있어 이렇게 매스매티카의 커널을 다른 프로그램과 연동시키는 기술의 가능성은 무궁 무진하다 할 수 있다.

하지만, 이렇게 유저인터페이스를 바꾸고 디자인하는 컴퓨터 기술 자체를 논하는 것은 이 책의 범위를 벗어나는 것이어서, 이 장에서는 저자에 의해 개발된 윈도우 프로그램인 그래프 에디터와 매스매티카 커널을 컨트롤하는 액티브엑스 컨트롤을 이용하여 우리가 5 장에서 배운 그래프 이론을 조금 더 다양한 방법으로 공부하는 방법을 보기로 하자.

## Graph Editor 사용법

여기서 소개할 프로그램 Graph Editor는 플래시 무비와 연동하여 Combinatorica 패키지의 주요 함수와 기능을 실행하는 윈도우 프로그램으로 이것을 이용하여 이산수학의 다양한 개념을 컴퓨터로 구현하며 이해할 수 있다.

사실 그래프 이론의 실험에 필요한 소프트웨어는 다양하게 많이 개발되어 있으며 간단한 인터넷 검색으로도 쉽게 얻을 수 있다. 하지만, 지금 소개하는 Graph Editor는 Combinatorica 패키지를 직접 제어하므로 현재 나와 있는 어떤 프로그램보다도 강력한 기능을 가지고 있어 그래프 이론의 전문가뿐 아니라 새로 배우는 학생들에게도 매우 유용한 프로그램이 되겠다. 그러면, 이제 이 프로그램을 사용하는 방법에 대하여 설명하기로 하자.

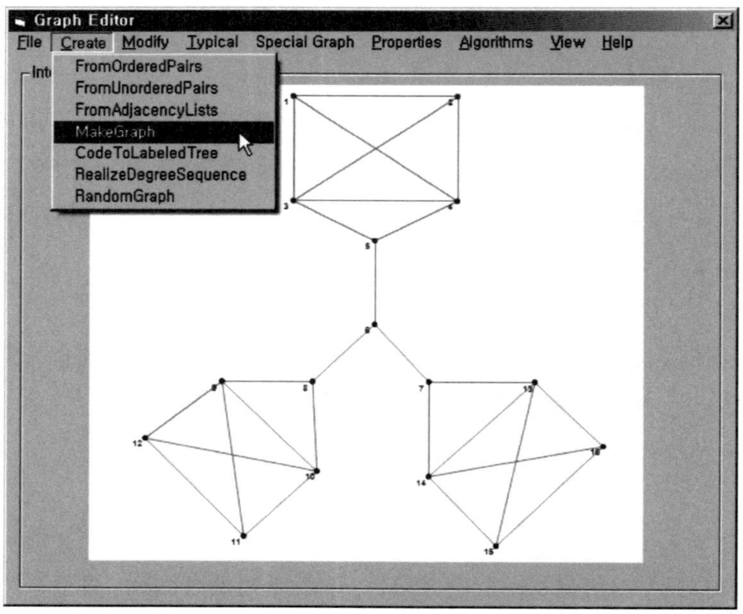


일단 이 프로그램은 일반적인 윈도우 프로그램의 장점으로 메뉴를 이용하여 명령을 실험하므로 사용법 자체가 용이하고 직관적이다. 그리고, 보통의 새로운 소프트웨어를 익힐 때의 효과적인 방법의 하나로는 시행착오의 방법이 있다.

이러한 방법은 유저가 프로그램에 익숙하지 못한 상태에서 프로그램의 여러 기능을 임의로 실행해가며 익혀나가는 방법을 일컫는다. 마찬가지로, Graph Editor 역시 여러 가지 메뉴를 직접 실행해가며 시행착오를 거쳐 배우는 것이 효과적인 접근 방법이라 생각된다.

프로그램의 주 메뉴는 File, Create, Modify, Typical, Special Graph, Properties, Algorithm, View 로 되어있다. 주 메뉴 아이템, File 에는

1. Open,
2. SaveAs,
3. CopyToClipboard,
4. PasteFromClipboard 의 세부 메뉴가 있다.

이들을 간단히 설명하자면, Open, SaveAs 는 파일의 기능으로서 그래프 구조를 텍스트 파일로 읽고 쓴다. 그리고, CopyToClipboard, PasteFromClipboard 의 기능은 Open, SaveAs 와 유사한 것으로 파일을 하드디스크 대신 메모리에서 읽고, 메모리에 쓰는 차이가 있다.

주 메뉴 아이템, Create 에는 1. FromOrderedPairs, 2. FromUnorderedPairs, 3. MakeGraph, 4. CodeToLabeledTree, 5. RealizeDegreeSequence, 6. RandomGraph 가 있으며, 이들은 그래프를 만드는 패키지 함수 들이다.

FromOrderedPairs 와 FromUnorderedPairs 는 관계 순서쌍을 그래프의 edge 로 보고 그래프를 만드는 함수이고, MakeGraph 는 그래프의 vertex 와 vertex 사이의 관계를 정의하여 그래프를 만드는 함수이다.

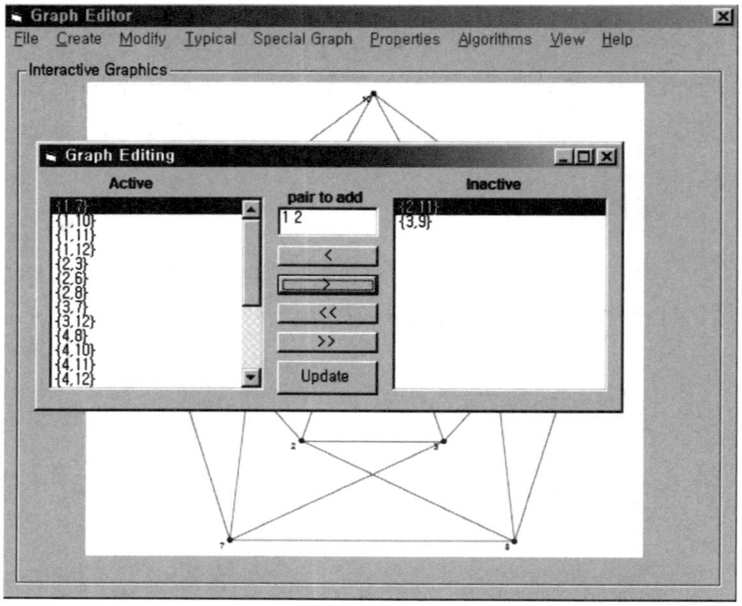


그리고, CodeToLabeledTree 는 5 장에서 설명한 바와 같이 스트링과 스패닝트리와의 1-1 대응을 이용하는 Prüfer 의 알고리즘을 사용하여 그래프를 만드는 방법이다.

RealizeDegreeSequence 는 각 vertex 의 degree, 즉, 각각의 vertex 와 인접한 edge 의 개수를 가지고 그래프를 만드는 방법이다. 마지막으로, RandomGraph 는 vertex 가 생길 수 있는 확률을 정해주면 그에 따라 임의의 그래프를 만드는 함수이다. 그리고, Graph Editor 프로그램의 메뉴에는 각각 적당한 기본값이 있어, 쓰기 편하게 디자인 되어있다.

주 메뉴 아이템, Modify 는 Create 등을 이용하여 얻어진 그래프를 고쳐서 원하는 그래프로 만드는 기능의 메뉴이다. 다음의 그림에서 알 수 있듯이 1. Edges 를 이용하여 edge 를 더하고, 또 제거할 수 있고, 2. Vertices 메뉴를 통해 vertex 를 가감할 수 있다.

패키지 함수, ShowGraph 에 따르는 모든 옵션은 ShowGraph Options 메뉴를 통하여 컨트롤 할 수 있다. 앞에서의 메뉴가 그래프의 논리적 구조를 바꾼다면 Embedding 은 그래프의 물리적, 시각적 구조를 조절하며, 여기에 따르는 세부 메뉴에는 1. RadialEmbedding, 2. RootedEmbedding, 3. SpringEmbedding, 4. HasseDiagram 이 있다.

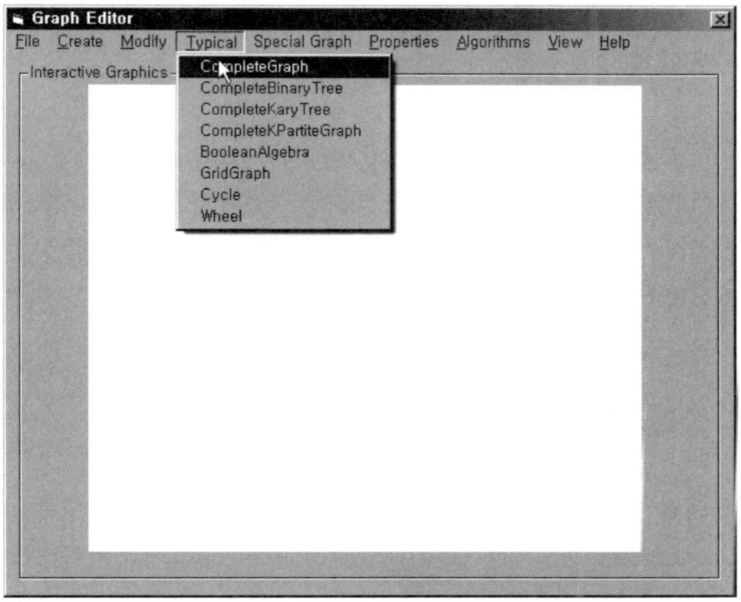


주 메뉴 아이템, Typical 은 그래프 이론에 자주 등장하는 전형적인 그래프 들로
1. CompleteGraph, 2. CompleteBinaryTree, 3. CompleteKaryTree, 4. CompleteKPartiteGraph, 5. BooleanAlgebra, 6. GridGraph, 7. Cycle, 8. Wheel
의 서브메뉴가 있으며, 이들의 공통점은 그래프이론에 자주 등장하는 정형화된 그래프를 만드는 기능이다.

주 메뉴 아이템, Properties 는 일반적인 그래프가 가지는 성질들로, 이에는 그래프의 모든 vertex 를 찾는 방법에 관한 Graph Traversal (Breadth First Traversal, Depth First Traversal)과 그래프의 연결성을 조사하는 Connectivity (Connected Components, Biconnected Components, Articulation Points)가 있다.

그리고, 한붓그리기의 해법에서와 같이 그래프 내에 포함되어 있는 사이클을 찾고, 또, 이것을 제거하기 위한 함수로 FindCycle, ExtractCycle 이 있다. 그리고, 한붓그리기 함수인 Eulerian Cycle 이 있고, 그래프의 성질을 결정하는 함수로 Hamiltonian Cycle, Minimum Vertex Coloring, Edge Coloring 등을 들 수 있다.

주 메뉴 아이템, Algorithm 은 일반적인 그래프 알고리즘을 실험할 수 있게 하는 최적화에 관련된 함수들이 있으며, 대표적인 것으로 1. Shortest Path, 2. Minimum Spanning Tree, 3. Network Flow 가 있다.

주 메뉴 아이템, View 는 1. Interactive Mode, 2. Mathematica Graphics Mode 가 있으며, Interactive Mode 는 그래프를 플래시 무비로 보여주는 모드로, 마우스로 vertex 를 잡아 당기면 edge 가 따라서 고무줄처럼 늘어나는 기능이 있어 일반적인 그래프의 성질의 실험에 매우 유용할 것이다.

## m_control.ocx 사용법

한번 개발된 소프트웨어를 다른 여러 응용프로그램에서 다시 불러 사용할 수 있게 하는 기술인 ActiveX control 을 이용하여 웹과 관련된 기술과 매스매티카를 서로 연동시킬 수 있다. 인터넷을 통해서 매스매티카를 실행한다든지, 혹은 웹 브라우저를 데스크 탑 유저인터페이스로 사용하게 하는 액티브엑스 컨트롤인 m_control.ocx 의 사용법을 간략히 소개하도록 하겠다.

다음의 웹 브라우저를 통해 플래시 무비와 매스매티카를 연동하는 예를 보기로 하자. 우선 m_control.ocx 프로그램은 다음 스텝을 따라 간단히 설치할 수 있다.

1. 압축파일을 푼 다음 Register ActiveX.reg 프로그램을 마우스를 두 번 클릭하여 실행한다.
2. m_control.ocx 파일에 마우스를 올려놓고 오른쪽 마우스를 클릭하여 Register OCX Control 메뉴를 선택한다.

주의: 이와 같은 간단한 설치 방법은 윈도우의 레지스트리를 복잡하게 하지 않는 장점이 있는 반면, m_control.ocx 의 파일 위치가 고정되어 있어야 하는 제약도 있다. 즉, 한번 m_control.ocx 가 설치되면 이 파일은 다른 디렉토리로 옮길 수 없고, 만일 옮긴다면 위의 방법을 따라 다시 설치해 주면 된다.

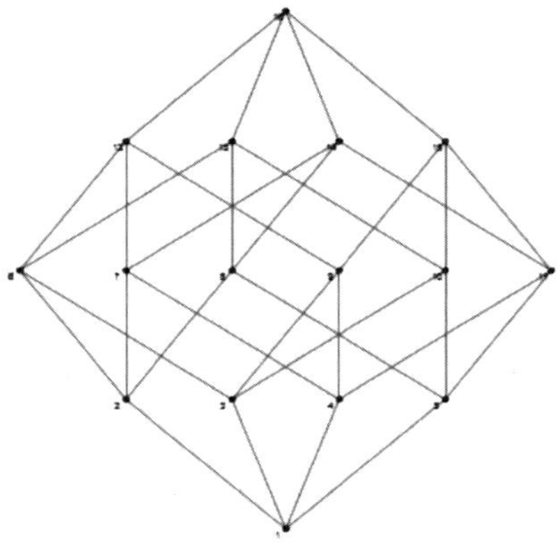

```
HasseDiagram[MakeGraph[Subsets[{1, 2, 3, 4}],
Intersection[#1, #2] == #1 &]]
```

Compute

Graph Structure:

```
Graph[{{{1, 2}}, {{1, 3}}, {{1, 4}}, {{1, 5}}, {{2, 6}}, {{2,
7}}, {{2, 8}}, {{3, 6}}, {{3, 9}}, {{3, 10}}, {{4, 7}}, {{4, 9}},
{{4, 11}}, {{5, 8}}, {{5, 10}}, {{5, 11}}, {{6, 12}}, {{6, 13}},
{{7, 12}}, {{7, 14}}, {{8, 13}}, {{8, 14}}, {{9, 12}}, {{9, 15}},
{{10, 13}}, {{10, 15}}, {{11, 14}}, {{11, 15}}, {{12, 16}}, {{13,
16}}, {{14, 16}}, {{15, 16}}}, {{{0, 1.}}, {{-1.5, 2.}}, {{-0.5,
2.}}, {{0.5, 2.}}, {{1.5, 2.}}, {{-2.5, 3.}}, {{-1.5, 3.}}, {{-0.5,
3.}}, {{0.5, 3.}}, {{1.5, 3.}}, {{2.5, 3.}}, {{-1.5, 4.}}, {{-0.5,
4.}}, {{0.5, 4.}}, {{1.5, 4.}}, {{0, 5.}}}, EdgeDirection ->
False]
```

위의 그림은 일반적인 웹 브라우저를 데스크 탑 응용프로그램처럼 이용한 것을 보여주는 것으로, 앞에서의 윈도우 프로그램의 메뉴를 직접 사용자가 명령으로 입력할 수 있어 고급 사용자에게 편리한 형태의 유저인터페이스가 될 수 있다.

이와 같은 프로그램 자체를 작성하는 기술은 이 책의 범위를 벗어나므로 자세한 설명은 생략하지만, 웹 프로그램 기술에 숙달된 유저는 아래에 소개한 HTML 소스 프로그램만을 보고서도 m_conrol.ocx 를 활용하여 매스매티카와 웹 기술을 연동시키는 응용프로그램을 어렵지 않게 개발할 수 있을 것이다.

이에 필요한 내용을 간략히 설명하면, 아래의 100 줄의 HTML 코드는 다음과 같은 구조로 요약할 수 있다.

1. 매스매티카와 인터넷 익스플로러와의 연결
2. 인터넷 익스플로러와 플래시, MathPlayer 와의 연결
3. HTML 내의 컴포넌트끼리의 연결

여기서 플래시는 수학적 개념의 시각화에 필요한 도구이고, MathPlayer 는 웹브라우저에 수학적 표기를 가능하게 하는 액티브엑스 컨트롤이며, 이들 사이의 상호작용에 대하여 조금 더 상세하게 설명하기로 하자.

1. 매스매티카와 인터넷 익스플로러와의 연결
위에서와 같이 m_control.ocx 를 설치하면 윈도우의 여러 프로그램에서 매스매티카를 사용할 수 있다. 매스매티카를 이용하기 위한 액티브엑스 컴포턴트, m_control.ocx 의 주요 메소드로는 1. doGraph, 2. doMath, 3. doMathML 이 있다.

매스매티카의 일반적인 모양의 결과를 원하면 doMath 를, MathML 형태를 필요로하면 doMathML, 그리고, 그래픽데이터를 원하면 doGraph 를 사용한다.

2. 인터넷 익스플로러와 플래시와의 연결
이것은 javascript 나 vbscript 을 통해서 연결되며

(a) 함수, myFlash_DoFSCommand 를 통하여 플래시에서 보낸 명령을 처리하고,
(b) document.myFlash.SetVariable("vb", sOut) 명령을 사용하여 플래시 무비 내에 있는 변수, vb 의 값을 인터넷 익스플로러 내의 변수값, sOut 으로 정해 준다. 여기서 myFlash 는 내가 사용하는 플래시 무비를 지칭하는 이름으로 사용자가 직접 지어 준다.
(c) 플래시 무비 내에서는 fscommand 라는 명령을 사용하여 웹 블라우저로 정보를 보낸다.

3. HTML 내의 컴포넌트끼리의 연결
위에서와 같이 인터넷 익스플로러가 중개 역할을 하여 매스매티카와 MathPlayer, 혹은 플래시 무비와의 상호 데이터 교환이 이루어진다. 이때, 사용자에게 편하도록 디자인할 수 있는 것은 HTML 이나 XHTML 의 기능이다.

예를 들면, HTML 의 표준 사용자 인터페이스 명령어와 div 와 같은 명령을 사용하여 MathPlayer 의 수학적 표기와 매스매티카의 그림 등을 적절히 조절, 배치할 수 있다.

[HTML 소스 프로그램]

```
<HTML XMLNS:m="http://www.w3.org/1998/Math/MathML">
<head>
<title>Mathematica Evaluation</title>
<STYLE TYPE="text/css">
<!--
.indented
{
padding-left: 50pt;
padding-right: 50pt;
}
.indented_small
{
padding-left: 20pt;
padding-right: 20pt;
}
EM
{
font-family:'Lucida Casual', 'Comic Sans MS';
font-style:normal;
font-size:80%;
font-weight:400;
color:#000000;
A {text-decoration:none}
}
-->
</STYLE>
<!---OBJECT
ID=MathPlayer
CLASSID="clsid:32F66A20-7614-11D4-BD11-00104BD3F987"
>
</OBJECT--->
<?IMPORT NAMESPACE="m" IMPLEMENTATION="#MathPlayer" ?>
<script type = "text/javascript">
function doPlot(ball) {
mma1.width = 300
mma1.height = 200
mma1.doGraph(ball)}
function doQuit(){alert('Page has been unloaded.');
mma1.DoDisconnect()}

function doMath(ball)  {
document.myFlash.width = 330;
document.myFlash.height = 330;
var sOut = mma1.doMath(ball);
document.myFlash.Rewind();
```

```
document.myFlash.Play();
document.myFlash.SetVariable("vb", sOut);
document.all.math2.innerHTML = "<span style='color: #CC33FF; text-decoration: underline'><EM>Graph Structure:</EM></span><br><br>"+sOut }
function doMathML(ball) {
var sOut = mma1.doMathML(ball);
sOut = sOut.substring(1, sOut.length-1);
mathematicaForm.result.value = sOut;
mathematicaForm.input.value = ball
document.all.math2.innerHTML = "<span style='color: #CC33FF; text-decoration: underline'><EM>The answer is:</EM></span><br><br>    "+sOut }
var InternetExplorer = navigator.appName.indexOf("Microsoft") != -1;
function myFlash_DoFSCommand(command, args) {
var myFlashObj = InternetExplorer ? myFlash : document.myFlash;
doMathML(args)}
if (navigator.appName && navigator.appName.indexOf("Microsoft") != -1 &&
navigator.userAgent.indexOf("Windows") != -1 && navigator.userAgent.indexOf("Windows 3.1") == -1) {
document.write('<SCRIPT LANGUAGE=VBScript\> \n');
document.write('on error resume next \n');
document.write('Sub myFlash_FSCommand(ByVal command, ByVal args)\n');
document.write(' call myFlash_DoFSCommand(command, args)\n');
document.write('end sub\n');
document.write('</SCRIPT\> \n');
} //-->
</script>
</head>
<body>
<div CLASS="indented_small">
<OBJECT ID="mma1" WIDTH=7 HEIGHT=7
CLASSID="CLSID:666386D4-0562-4251-9AD4-328B4046D5E4">
<PARAM NAME="_ExtentX" VALUE="159">
<PARAM NAME="_ExtentY" VALUE="159">
<PARAM NAME="BackColor" VALUE="-2147483639">
</OBJECT>
</div>
<div CLASS="indented">
<p><object classid="clsid:D27CDB6E-AE6D-11cf-96B8-444553540000"
codebase="http://download.macromedia.com/pub/shockwave/cabs/flash/swflash.cab#version=5,0,0,0"
width=0 height=0 id="myFlash">
<param name=movie value="parser.swf">
<param name=quality value=high>
<embed src="parser.swf" quality=high width=130 height=330 type="application/x-shockwave-flash" pluginspage="http://www.macromedia.com/shockwave/download/index.cgi?P1_Prod_Version=ShockwaveFlash" name="myFlash" swLiveConnect="true">
```

```
</embed>
</object></p>
<p><m:math></m:math></p>
<div CLASS="indented2">
</div>
<div CLASS="indented_small">
<FORM name=myform><TEXTAREA name=math rows=2 cols=50>
HasseDiagram[MakeGraph[Subsets[{1, 2, 3, 4}], Intersection[#1, #2] == #1 &]]</TEXTAREA> <INPUT onclick= "doMath(myform.math.value)" type= "button" value=Compute> </FORM>
<div style="BORDER-RIGHT: 1px solid; PADDING-RIGHT: 0.2em; BORDER-TOP: 1px solid; PADDING-LEFT: 0.5em; FONT-SIZE: 9pt; PADDING-BOTTOM: 0.2em; MARGIN: 0.0em; BORDER-LEFT: 1px solid; WIDTH: 270pt; PADDING-TOP: 0.2em; BORDER-BOTTOM: 1px solid">
<p id="math2">
</p>
</div>
<p><m:math></m:math></p>
</div>
</body>
</html>
```

위에서 설명한 실험에 필요한 소프트웨어인 Flash 와 Math Player 는 매크로미디어와 디자인 사이언스 사의 사이트에서 무료로 다운로드 받을 수 있다.

http://www.macromedia.com

http://www.dessci.com

## $

$DisplayFunction, 108, 115, 116, 153, 154
$MachineEpsilon, 56, 57, 58, 59, 60
$RecursionLimit, 27

## ㅂ

벨의 수, 87, 96, 97, 98

## ㅅ

셀, 4
소인수분해, 88
스털링의 제 1 수, 99
스털링의 제 2 수, 92, 93, 97
스패닝트리와, 151, 212

## ㅈ

전사함수, 93, 94, 95
정규성 테스트, 178
정수의 분할, 123
진리표, 28, 29, 30, 31, 32

## ㅋ

카탈란의 수, 87, 104, 110

## ㅍ

팔레트, 5
패턴매칭, 13, 15, 16, 24, 94, 159
포아송분포, 65
프뤼퍼코드, 151

## ㅎ

행렬, 32

## A

AgeOf Universe, 90
Append, 27, 37, 55, 58, 83, 113, 141
AppendColumns, 37
Apply, 18, 19, 29, 121, 122
Array, 9, 23, 32, 33, 34, 36, 75, 103, 114, 116, 154, 186

## B

Backtrack, 121
BarChart, 74, 78
BlockMatrix, 38

## C

Central limit theorem, 192
Characters, 39
CodeToLabeledTree, 153
ColumnJoin, 39
Combinatorica, 121, 127, 128, 129, 131, 133, 151, 210
Compositions, 96, 120, 121
ContourPlot, 70, 83
Convolution, 181

## D

DeBruijn Sequence, 140

derangement, 101, 103
DesignMatrix, 170, 172, 173, 175
DiracDelta, 192
Distribute, 26, 27, 54, 94, 98, 111
Do, 21, 27, 46, 131, 132, 216, 217, 218

## E

Evaluate, 9, 23, 24, 59, 166
Expand, 8, 28, 51, 63, 156, 157, 158, 173, 191, 192, 193
Export, 114, 205

## F

Factor, 8, 88
FerrersDiagram, 124
FindRoot, 91
FixedPoint, 22, 23
Flat, 15, 28, 56, 75, 76, 82, 93, 94, 98, 100, 113, 117, 118, 132, 133, 138
Fold, 22, 45, 46, 106, 108
For, 4, 10, 21, 22, 30, 31, 33, 75, 76, 77, 82, 90, 120, 169, 186, 187, 218
Fourier transform, 190
Front End, 2
fscommand, 216

## G

Graph, 127

## H

Hamiltonian, 132, 133, 134, 147, 148, 149, 150, 213
Help Browser, 2
Horner, 48

## I

IdentityMatrix, 34
Image processing, 196
Import, 205
inclusion-exclusion principle, 103, 127
infix notation, 8
Inner, 25, 26, 174
InputForm, 4
Instant Insanity, 134
InterpolatingPolynomial, 156, 157, 160, 165, 167, 171

## K

Kernel, 2
Knight Problem, 131

## L

Latin squares, 38
ListConvolve, 186, 187, 188, 189, 195, 196, 205
ListDensityPlot, 84, 201, 202
ListPlot, 64, 66, 68, 71, 81, 90, 108, 156, 160, 162, 169, 177, 178, 179, 180, 193, 194, 195, 196
LowerDiagonalMatrix, 35

## M

MakeGraph, 130, 133, 138, 141, 211, 219
Map, 19, 20, 24, 25, 30, 44, 78, 94, 103, 111, 115, 118, 120, 124, 201, 204
MatrixPower, 35
Maximum likelihood estimator, 79
Microscope, 60
MicroscopicError, 49, 61

## N

N, 7
Nest, 22, 43, 186
NormalDistribution, 17, 177, 179

## O

Optimization, 196
Orderless, 15

## P

ParametricPlot, 163
Partitions, 98, 124
PDF, 82, 83, 163
permutation ascents, 116
Permutations, 94, 99, 102, 103, 106, 118, 120
postfix notation, 8
prefix notation, 8

## R

Random, 11, 16, 17, 18, 66, 68, 106, 177, 179, 211, 212
Range, 18, 19, 20, 22, 23, 24, 25, 26, 27, 34, 51, 55, 75, 82, 91, 94, 103, 113, 117, 118, 121, 122, 128, 134, 146, 161, 163, 164, 165, 167, 178, 194
Rationalize, 7
Regress, 177
ReleaseHold, 27, 53, 120
ReplaceAll, 20
RootedEmbedding, 129, 150, 212
Run, 116

## S

Scan, 24, 106
Sequence, 25, 26, 28, 90, 94, 120, 143, 211, 212
SeriesTerm, 110
SetArithmetic, 51, 55
SetAttributes, 15
SetDelayed, 11, 17
SetOptions, 66
SetPrecision, 44, 45, 46, 57, 58
ShowGraph, 128, 129, 130, 137, 153, 154, 212
singular value, 181, 199, 202, 204
Solve, 20, 63, 64, 167
Split, 89, 118
Stack, 110
StandardForm, 4
StringJoin, 8
SubMatrix, 37
SVD, 168, 175, 181, 196, 197, 199, 200, 202, 203, 205, 206, 207

## T

Table, 8, 11, 16, 20, 21, 25, 27, 28, 30, 31, 32, 33, 34, 36, 44, 54, 55, 56, 58, 60, 68, 71, 74, 75, 76, 78, 82, 83, 84, 90, 93, 94, 98, 100, 102, 106, 111, 113, 118, 119, 120, 121, 122, 132, 133, 138, 141, 166, 167, 169, 170, 171, 174, 176, 177, 179, 185, 186, 187

Thread, 23, 24, 25, 94, 103

ToCharacterCode, 84

ToExpression, 8, 44, 45, 54, 56, 58, 76

Trace, 15, 122

TraditionalForm, 4

## U

Underdetermined system, 206

UnitStep, 190

UpperDiagonalMatrix, 35

## W

While, 21, 43, 57, 59

**Mathematica 응용수학**

2006년 2월 25일 초판 인쇄
2006년 3월 2일 초판 발행

저 자 / 송기홍
발행자 / 오판근
발행처 / 교우사
주 소 / 서울 동대문구 제기2동 148-19
전 화 / 925-2861, 929-4865
팩 스 / 925-2860
E-mail / kw2861 @ chollian. net
http: // www. kyowoo. co. kr
등록 / 1994. 3. 24 제6-0256호

ISBN 89-8172-577-2 (93410)

값 **13,000**원